• 农民致富关键技术问答丛书 •

优质草莓无公害生产关键技术问答

陈世虎　朱克响　郭书普　编著

北京市科学技术协会支持出版

中国林业出版社

本书使用说明

● 本书配有 VCD 光盘,光盘与图书结合,充分发挥图书和视频的各自优势,生动直观,实用性强。

● 光盘中的视频目录一目了然,通过操作很容易切换相应的视频。

● 通过图书目录可检索光盘中相应的视频内容。

● 通过光盘视频目录,可检索光盘视频所讲内容在书中的位置。

图书在版编目(CIP)数据

优质草莓无公害生产关键技术问答/陈世虎,朱克响,郭书普 编著. -北京:中国林业出版社,2008.1(2009.5 重印)

(农民致富关键技术问答丛书)

ISBN 978-7-5038-4627-4

Ⅰ.优⋯ Ⅱ.①陈⋯ ②朱⋯ ③郭⋯ Ⅲ.草莓-果树园艺-无污染技术-问答 Ⅳ.S668.4-44

中国版本图书馆 CIP 数据核字(2007)第 195809 号

出版:中国林业出版社(100009 北京市西城区刘海胡同7号)
网址:http://www.cfph.com.cn
E-mail:public.bta.net.cn 电话:66184477
发行:新华书店北京发行所
印刷:北京昌平百善印刷厂
版次:2008 年 1 月第 1 版
印次:2009 年 5 月第 2 次
开本:850mm×1168mm 1/32
定价:15.00 元
(随书赠 VCD 光盘)

前　言

　　我国草莓生产发展迅猛。由于科技工作者的不断努力，在引进国外优良品种、新品种育种、种苗繁育、栽培管理、病虫害防治、采后贮藏保鲜及加工等方面取得了不少成果。2003 年全国草莓种植 100 万亩，产量达 80 万吨。2006 年我国草莓面积已达到 130 万亩，年产草莓 130 万吨，种植面积和产量均居世界第一位。目前我国草莓栽培品种达 400 余个，其中常用品种 20 多个，年草莓出口量约 5 万吨。专家预测，我国草莓还有较大的发展空间。

　　目前，我国已形成了三大草莓产区。秦岭和淮河以北产区，其中河北、山东、辽宁、山西、陕西是主产省，其栽培特点是栽苗期也由春季改为秋季，冬天畦面上普遍覆盖地膜和作物秸秆，明显地提高了植株越冬能力，近年该区大规模利用日光温室栽培草莓，进行反季节生产。秦岭与淮河以南产区，其中浙江、上海、江苏、安徽、湖北和四川是主产地，采用排水良好的高畦栽培，目前该区塑料大棚栽培的面积急剧增加。南岭以南产区，包括广东、福建、海南等地，是草莓生产新区，全部采取露地栽培方式，并利用高山育苗，实现生产用苗部分自给。

　　我国草莓生产是在 20 世纪后期引进国外优良品种的基础上发展起来的，如宝交早生、春香、红岗雷特、全明星、红衣、丰香、明宝、弗吉尼亚、吐德拉、鬼怒甘、玛丽亚都是著名的国外品种。目前我国也培育大量的优良品种。如明晶、明磊、硕露、硕蜜、硕丰、香玉、美珠、长丰、红丰、红魁、石莓 2 号、星都 1 号、星都 2 号等。

　　目前，我国草莓在育苗技术、无毒苗培育、大棚促成栽培、保护地栽培、露地栽培、蜜蜂授粉、滴灌或喷灌，以及病虫害防治技术等方面已相对成熟。

本书从草莓生产实际入手，搜集草莓生产者提出的一些问题，并针对生产中可能会遇到的一些技术难点，在查阅大量文献资料的基础上，结合作者的生产经验，从草莓生产的特点、栽培常识、繁殖、露地栽培、地膜覆盖栽培、大棚草莓栽培、日光温室草莓栽培、草莓无土栽培，以及草莓病虫害防治方面，对相关问题作了深入浅出的回答，旨在为草莓种植者有效地解决生产中遇到的问题，提供一些线索。

由于作者水平有限，加上受到时间、篇幅的限制，无法收集到草莓生产上可能遇到的所有问题，疏漏、谬误在所难免，恳请广大读者批评指正。

在编写本书的过程中，参阅了大量文献资料，在此一并向各位同仁表示感谢！

编著者
2007 年 8 月

目 录

5 草莓露地栽培技术

6 草莓地膜覆盖栽培

9　日光温室草莓栽培技术

10　草莓无土栽培技术

11　草莓病虫害防治

《优质草莓无公害生产关键技术问答》
光盘视频目录

草莓生产须知

　　草莓为多年生草本植物，浆果鲜红艳丽，芳香多汁，甜酸可口，营养丰富，深受国内外消费者的喜爱，被视为果中珍品。

　　露地栽培的草莓鲜果在春末夏初时成熟，此时正值水果市场淡季，草莓作为应时鲜果有效地填补了鲜果市场的空档，深受消费者欢迎。草莓适应性强，生态类型较多，目前几乎世界各国都有栽培。其根系可忍耐零下 8℃ 的低温，根茎在零下 15℃ 时才发生冻害。冬季在有覆盖保护条件下，能忍受零下 40℃ 的严寒。另一方面，草莓生长期短，当年栽苗第二年便可获益；和其他果树相比，草莓最适合进行设施栽培，利用日光温室、塑料拱棚等设施，配合相应的技术措施，可以使草莓基本上做到周年供应，成为圣诞节、元旦、春节、劳动节等节日的抢手货。

1 发展草莓生产的意义是什么？

　　草莓适应性强，具有结果早、周期短、见效快的优点，繁殖迅速、管理方便、成本低廉，是一种投资少、收益高的经济作物。草莓果实除鲜食外，还可加工成果酱、果汁、果酒、饮料、果糕、果脯及多种食品。新鲜草莓经速冻处理，可保持果实鲜艳和原风味，便于贮藏运输，延长市场供应和加工期。

草莓最适合进行设施栽培，利用日光温室、塑料拱棚等设施，配合相应的技术措施，可以使草莓基本上做到周年供应，成为圣诞节、元旦、春节、劳动节等节日的抢手货；露地栽培的草莓鲜果也是在春末夏初成熟，此时正值水果市场淡季，草莓作为应时鲜果有效地填补了鲜果市场的空档，深受消费者欢迎。如元旦、春节期间上市草莓，每千克批发价即可以卖到20～30元。

如安徽长丰是全国十大草莓生产基地之一，草莓种植面积达到3万多亩，年产优质草莓6万吨以上，产值2.5亿多元，约有4万农户直接受益。长丰县农民人均收入近四分之一来自草莓。红火的草莓不仅鼓起了农民腰包，更是带动了一方经济发展。

又如辽宁省东港市是我国草莓的主要生产基地之一，20世纪90年代以来，草莓作为东港农业开发重点产业，得到了迅猛发展，到2004年春，生产面积达11万亩，产量15万吨，产值5亿元，全市有11万户农民从事草莓生产，上百家工贸企业从事草莓贸易和加工，草莓生产已经成为东港市农村经济的支柱产业之一。

特别提示

草莓适应性强，生产周期短，适合设施栽培，上市时间早。是农民致富的好项目。

2　草莓营养价值如何？

草莓营养丰富，含有果糖、蔗糖、柠檬酸、苹果酸、水杨酸、氨基酸以及钙、磷、铁等矿物质。此外，它还含有多种维生素，尤其是维生素C含量非常丰富，每100克草莓中就含有维生素C 60毫克。草莓中所含的胡萝卜素是合成维生素A的重要物质，具有明目养肝作用。草莓还含有果胶和丰富的膳食纤维，可以帮助消化、通畅大便。草莓的营养成分容易被人体消化、吸收，多吃也不会受凉或上火。

草莓浆果除了具有较高的营养价值之外，还具有较高的药用和医疗价值。据研究，草莓中含有一种叫草莓胺的物质，对治疗白血病、障碍性贫血等血液病有良好的疗效。近年又发现草莓对防治动脉粥样硬化、冠心病及脑溢血也有较好效果。

草莓味甘酸、性凉，能润肺生津、利痰、健脾、解酒、补血、化脂，对肠胃病和心血管病有一定防治作用。草莓果中所含的维生素、纤维素及果胶物质，对缓解便秘和治疗痔疮、高血压、高胆固醇及结肠癌等，均有显著效果。经常饮用鲜草莓汁可治咽喉肿痛、声音嘶哑症，经常食用草莓果，对积食胀痛、胃口不佳、营养不良或病后体弱消瘦是极为有益的。

草莓汁还有滋润营养皮肤的功效，用它制成各种高级美容霜、对减缓皮肤出现皱纹有显著效果。

3　世界各国草莓生产现状是怎样的？有什么发展趋势？

世界草莓的栽培始于 14 世纪的欧州，1750 年在法国育成了至今仍栽培的大果草莓——凤梨草莓，之后世界各国才广泛栽培。凤梨草莓是近代草莓品种的祖先，目前栽培的优良品种大多出自该种，或该种与其他种杂交产生。

目前全世界草莓总产量已突破 300 万吨，几乎所有国家均有草莓生产。其中主产区是欧洲，其次是美洲和亚洲，产量排行前十位的是美国、中国、波兰、西班牙、日本、意大利、俄罗斯、韩国、德国、法国。平均产量以美国和西班牙最高，每亩 2500 千克，这两个国家具有品种更新快、现代化生产技术高和大规模集约经营的特点，美国加利福尼亚州每个草莓种植户经营面积在 300 亩以上。总的看欧洲以露地栽培为主，日、韩以保护地促成或半促成栽培为主，美国目前保护地草莓发展也很快，反季节栽培面积逐年增加，反季节进口草莓逐年减少。

4　中国草莓生产现状是怎样的? 有什么发展趋势?

中国目前草莓生产面积居世界各国之首, 年总产量仅次于美国, 居世界第二, 所有省、市、自治区都有种植, 其中主要产地分布在辽宁、河北、山东、江苏、上海、浙江等东部沿海地区, 近几年四川、安徽、新疆、北京等地区发展也很快。重点草莓产区是辽宁丹东、河北保定、山东烟台、上海郊区等。

我国草莓以日光温室促成栽培、早春大中拱棚半促成栽培和露地栽培三种形式生产, 其比例约为 3∶5∶2。南方以半促成为主, 北方则三种形式并行发展。改革开放之前, 全国草莓面积只有几万亩, 进入 20 世纪 90 年代后, 由于农村产业结构调整、国民生活水平提高和国内外草莓消费市场的变化作用, 草莓呈快速发展态势。但是由于生产效益大于其他种植业、市场需求大于生产量的新形势下, 我国草莓生产呈大发展趋势。

5　我国主要草莓产区各有什么特点?

目前, 绝大多数省份均有草莓栽培, 依地理位置和气候条件等, 可将草莓产区划分为如下三大区域。

秦岭和淮河以北的华北、西北及东北各省　其中河北、山东、辽宁、山西、陕西是主产省。该区是我国传统产区, 秋冬气温较低, 1 月份平均气温 -1 ~ -17℃。过去主要采取多年一栽制, 露地平畦栽培, 便于越冬防寒和灌溉保水。现在露地栽培基本上都改为一年一栽制, 栽苗期也由春季改为秋季。冬天畦面上普遍覆盖地膜和作物秸秆, 明显地提高了植株越冬能力。近年该区大规模利用日光温室栽培草莓, 进行反季节生产。

秦岭与淮河以南的长江流域诸省、市　浙江、上海、江苏、安徽、湖北和四川是主产省、市。该区大多数地方 1 月份平均气温 0 ~ 5℃。露地栽培不需覆盖物即可安全越冬。因降水量明显多于北方，且绝大多数采取水稻—草莓轮作制度，故采用排水良好的高畦栽培。自 20 世纪 80 年代末以来，该区塑料大棚栽培的面积急剧增加。

南岭以南的华南各地　包括广东、福建、海南等省，是草莓生产新区。该区为亚热带和热带气候，冬季温暖，1 月份平均气温 10℃以上，因此全部采取露地栽培方式。由于当地冬季温度无法满足草莓植株所需的低温量，20 世纪 80 年代中期开始试栽草莓时，生产用苗全部从长江流域和北方地区调运。近年来，当地积极试验高山育苗，并取得成功，现在生产用苗已能部分自给。

6 我国草莓生产中主要应用哪些品种？

过去各地都以果形命名品种，如鸡冠、鸡心、牛心、扇子面等。自 20 世纪 70 年代末以来，陆续从欧洲、北美和日本引入品种，表现较好的国外优良品种，得到了大面积推广。80 年代中后期各地广泛栽培日本品种宝交早生，春香和丽红在长江流域得到推广栽培，而北方和东北广泛试栽欧洲品种红冈雷特、茵都卡、索菲亚，美国品种全明星、哈尼、早光，加拿大品种红衣和威斯塔尔。随着我国保护地草莓得到大力发展，国外引种及品种更新速度明显加快，丰香和明宝成为长江流域保护地的主栽品种。近几年，从西班牙引入的品种弗吉尼亚在东北和北方日光温室中大面积推广应用，西班牙新品种吐德拉和日本新品种鬼怒甘也表现良好，均具多茬花序、收获期长、高产等优点。

20 世纪 80 年代中后期又开始用国内外优良品种杂交育种，陆续培育出 20 多个新品种。如沈阳农业大学培育的明晶、明磊、明旭、长虹 1 号和长虹 2 号；江苏省农科院园艺所培育的硕露、硕蜜、硕丰和硕香；山西省农科院果树所培育的香玉、美珠、长丰、红露；山东省果树所培育的红丰、红魁、泰山早红；河北省石家庄果树所培育的石莓 2 号；北京市农林科学院林果所培育的星都 1

号和星都 2 号等。这些新品种都是休眠较深的露地栽培品种，绝大多数没能推广开。目前，北方露地栽培主要使用全明星、宝交早生、玛丽亚；长江中下游地区使用宝交早生和硕丰；四川和贵州两省使用丰香、春香和宝交早生；南岭以南诸省则以宝交早生、丰香、静香为主栽品种。我国保护地栽培，长江流域主栽丰香和明宝；北方主要使用弗吉尼亚、宝交早生、全明星和丰香。

7 我国各地草莓生产的栽培形式有什么差别?

我国地域辽阔，气候条件差异大，加之生产力水平参差不齐，因此栽培形式多种多样。既不像日本以塑料大棚为绝对主体，也不像美国以露地栽培为绝对主体。20 世纪 70 年代以前，我国的基本栽培形式为露地，但最近 10 年来，各种保护地形式迅速兴起，从简单的地膜覆盖、小拱棚、中拱棚、大拱棚，到金属材料组装的塑料大棚、竹木或钢筋骨架的日光温室，应有尽有。南方地区以塑料大棚及小中拱棚为主，北方地区以日光温室及中大拱棚为主。日光温室与塑料大棚的主要区别在于前者的北、东、西三面为砖墙或土墙，并在塑料薄膜上覆盖草帘或纸被，以利保温。但草莓的无土栽培在我国尚处于试验阶段，在生产上应用很少。多种栽培形式的搭配，拉开了鲜果上市时期，取得了显著的价格优势，并且使草莓鲜果供应期延长至半年多，北方为 10 月至第二年 3 月，南方 11 月至第二年 5 月，而且利用成熟时期及价格上的差异加强远运外销。

我国许多地方因地制宜，将草莓与其他作物轮、间、套作，走出了一条增加收入的好路子，如实行草莓与水稻、蔬菜轮作，草莓与幼龄果树、玉米间作，草莓与棉花、蔬菜套种，取得了较好的效果。20 世纪 70 年代以前，我国还有一些地方采用多年一栽的耕作方式以减轻劳动量，但由于这种栽培制度易造成植株衰弱，根系老化，果实变小，因此现在生产上已基本摒弃了这种方式，普遍采用管理更为精细的一年一栽制。

8 我国草莓棚室栽培的主要增产措施有哪些?

为了取得更高的经济效益,一些增产、优质、省力的技术措施也在棚室保护地栽培中得到了推广应用。目前我国在日光温室和塑料大棚中较普遍应用的技术措施有:

放养蜜蜂授粉 我国日光温室和塑料大棚中基本上实现了每棚一箱蜂,蜜蜂授粉对减少畸形果数量、促进果实的生长发育有良好的作用。

喷施赤霉素 为了打破休眠、促进生长发育、提早开花结果,许多农户都采用喷施赤霉素的方法。但也常有农民因使用不当造成只抽序开花却坐果不良的现象。

假植 育苗采子苗至苗床上进行假植育苗再移植至大棚或温室,能获得整齐一致的壮苗,为丰产打下了基础。也有农户采用选健壮苗提早定植于大棚或温室的方法,也有较好效果。

加温与电照补光 在棚室栽培中,尤其是北方日光温室栽培中,冬季低温易使植株进入休眠或使花果受冻,而光照不足会使生长发育及坐果不良。实践证明,冬季棚室栽培中加温补光可促进生长发育,增加产量,减少畸形果数量。在日本,塑料大棚中使用温风机加温和电照补光已十分普及。

安装滴灌设备 草莓根系浅,苗期及花期需水量大,并且在棚室栽培中普遍采用垄栽,垄间需经常走动,因此不宜沟灌或漫灌。现在滴灌系统正被越来越多的草莓种植户所采用,它节水、省力、经济、有效,还可在花果期随水补肥,是一项值得大力推广的措施。

疏花疏果 日光温室和塑料大棚栽培草莓时抽生花序多、结果时间长,因此不断疏除高级序的无效小花有利于低级序果实的增大。

此外,二氧化碳气肥装置在全国部分地区、卷帘机在东北地区日光温室栽培中也得到了一定的应用。

草莓栽培的常识

草莓是多年生草本植物，植株矮小，半丛生状。一般株高不超过 35 厘米。定植后当年即可以开花结果，盛果期约持续 2~3 年，以后植株衰弱，产量开始下降。草莓果实有特殊的芳香，甜酸适度，富含维生素 C，可鲜食、冷冻或制果酱、果汁。可以利用多种栽培形式作到周年生产。

9 草莓根系的生长发育有什么特点？

草莓的根系发生于短缩茎，是由根状茎和新茎上产生的粗细须根组成。新生根为白色，逐渐由白色转为褐色，再转暗褐色，最后变黑色。草莓根系分布比较浅，根系的 70% 分布在 20 厘米土层，20 厘米以下的土层根系分布少。根系分布的深浅与品种、栽培密度、土壤质地、温度以及湿度有关，在排水良好的沙壤土中分布较深，而在黏土中分布较浅。密植时分布相对也较深。由于根系分布浅，所以草莓对干旱、高温、寒冷耐性差。

初生根直径约为 1~1.5 毫米，加粗生长很缓慢。初生根一般成活 1 年，管理得好可活 2~3 年。初生根上分布着很多细根，细根上密生根毛，具有从土壤里吸收水分和矿物质营养的功能。一株成熟的草莓植株通常有 20～25 条初生根，多的可达到 100 条根。

特别提示

从秋季至初冬以及第二年春季，是根系生长的旺盛期。秋季发生的根至冬季积累养分加粗，增强越冬抗寒能力，春根发生后至夏季，因为开花结果消耗营养，生长缓慢。秋根逐渐衰枯，老化后变褐，被新根取代。随着草莓植株的株龄的增长，短缩茎延长，不断发生新根，根部逐渐上移，外露地表。如果及时培土、追肥，能延长根的寿命。

10 草莓叶片的生长发育有什么特点？

草莓的叶片由 3 小叶组成，发生于短缩茎，呈莲座状排列，叶片常绿，叶柄长，节间极短，叶柄基部有托叶左右包裹。品种

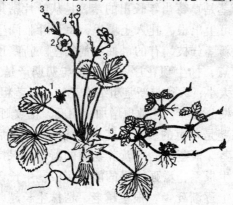

草莓的形态
1. 第一次花，幼果已形成 2. 第二次花，正在开花 3. 第三次花，花还未开放
4. 第四次花 5. 奇数节 6. 偶数节 7. 第二次匍匐茎苗

不同，叶片的形状也有差异，有圆形、椭圆形、长椭圆形等不同形状。叶片的寿命为130天，具有同化作用，是草莓最主要的营养器官。新叶形成后的第40～60天，光合作用最强，制造的养分最多。第4～6片叶同化能力也最强。光照充足，叶片绿、厚，有光泽，同化能力强。制造有机物质供植株生长发育，提高产量。叶片不断生出，同时也相继死亡。

特别提示

　　适温下每8～9天展开1片新叶，一年内每株约发生20～30片新片。老叶同化能力低，生产上要及时摘去老叶。

11 草莓短缩茎的生长发育有什么特点?

　　短缩茎可以分为新茎、根茎，习惯上把新茎和根茎统称短缩茎。

　　新茎　新茎是草莓当年长出的茎，是从叶片密集轮生的部位出来的。新茎可生出根，扎入土壤里，每片叶腋间生出腋芽，腋芽当年可抽生新茎分枝，有的可抽生匍匐茎。新茎顶端和叶腋顶端都具有生长点，抽生顶花序，其花量与初期产量有密切关系。新茎生长点的大小，大致与新茎粗细成正比。新茎粗，生长点大，顶花序一级果梗分枝多，花数也增加。相反，花数则少。

　　根茎　根茎是草莓的多年生茎。老化叶片枯死后脱落的存留部分的茎叫根茎。根茎是贮藏营养物质的器官。保持根茎周围土壤湿润，多产生根系，增强结果的能力。根茎生长2年后，着生的根系由下向上逐渐死亡。根茎越老，植株生长越差。在生产田里如见到肥大的根茎露在地表，应培土使肥大部分生出新根，增加植株的生长势。

特别提示

草莓的茎短缩，顶部的生长点再生能力强，周围呈螺旋状着生叶片，节间非常短，下部生根。随着草莓株龄延长，叶丛生长，下部叶不断老化脱落，短缩茎下部也逐渐增长。

12　草莓匍匐茎的生长发育有什么特点？

匍匐茎是草莓产生幼苗的营养器官。茎细，节间长，是从由新茎叶腋芽萌发出来的。匍匐茎一般是从坐果后开始发生，第一节上的腋芽保持休眠状态，第二节的生长点分化出叶原基，有2~3片叶显露之前开始形成不定芽，扎入土里，形成匍匐茎苗。在第一次匍匐茎苗分化叶原基的同时，第一叶原基的叶腋间侧芽又继续抽生匍匐茎，形成合轴分枝，第一节仍保持休眠，第二节分化叶原基，形成第二次匍匐茎苗。在匍匐茎的2、4、6、8等偶数节上形成匍匐茎伸长可一直持续到秋天花芽分化期。产生子苗的数量与采苗时间和品种不同而异。一般一株母株可发生50~150株子苗。采用匍匐茎中部发生的子苗，具4片叶，根系发达，易成活。

特别提示

草莓多数品种果实成熟后，从短缩茎叶腋处发生匍匐蔓。匍匐蔓延长生长期后从第二节起隔节向下生根，向上长出叶片，成为一个新株，可以用于繁殖。每株长出的匍匐蔓和新株数，因品种而异。

13　草莓花的生长发育有什么特点？

草莓多数品种属于两性花，由花柄、花托、花瓣、雄雌蕊组成，为虫媒花，自花或异花授粉。花序为聚伞花序。在这花的苞片的花柄，形成二级花序，其余依次类推，形成三级花序和四级花序等。一般一个新茎抽生一个或多个花序。

当气温平均达到10℃以上时，草莓开始开花。草莓开花的时间因地区、气候条件和品种不同而有差别。北京地区露地栽培一般在4月下旬开花，每个花开放时间持续3～4天，雌蕊在开花后8～10天之间具接受花粉的能力。

雌雄蕊正常发育是授粉受精的根本保证。就一个花序而言，随着级次的增高，雌性程度降低，而雄性程度增高。一级花序的花粉不育率43%，二级为38%，三级为34%，呈现递减趋势。高级次花由于雌蕊发育不良，不结果或形成畸形果，失去商品价值。根据这一情况，要有针对性地进行疏花疏果。在低温短日照情况下，会降低花粉的可育性。一般花期遇0℃以下低温时，即可使柱头受损伤，变黑失去授粉的能力。花蕾出现后遇30℃以上高温时花发育不良。花药开裂的时间，一般在上午9时到下午5时，以11～13时为最多，开裂适宜温度13.6～20.6℃，最高界限的相对湿度为94%。花粉发芽最适宜温度为25～27℃。草莓自花结实，如果配授粉品种和放蜂可大大提高坐果率。

正常花　　　雌雄蕊不健全　　　花托不发育

草莓的花

1. 花瓣　2. 雄蕊　3. 雌蕊　4. 花托　5. 花萼

特别提示

草莓花序为聚伞花序，两性花，为虫媒花，自花或异花授粉。草莓种植时，如果配授粉品种和放蜂可大大提高坐果率。

14 草莓果实和种子的生长发育有什么特点?

草莓果实是由花托膨大形成的浆果。在凸起的花托上着生许多雌蕊,受精后形成许多种子。当果实成熟时为红色或深红色,果肉为红色、橘红色或白色。果实大小因品种和栽培条件不同而异。果实大小依级次升高而递减,即一级序果大,一般四级以上序果商品价值不大。由于品种不同,种子嵌在果面深浅不一,可以分为三种类型,即平于、有凸和凹于果面的三种。种子色泽为红色或黄色。果形因品种而异,一般常见的有扁圆形、圆形、扁圆锥形、圆锥形、长圆锥形、颈圆锥形、长楔形、短楔形。同一花序不同级序果形也不变化。

草莓浆果正常生长发育,需进行完全的授粉受精,形成完好的种子(瘦果)。花托(果实)的种子越多,果实越重。授粉后的种子附近的花托膨大生长,不授粉的种子周边花托不膨大,一个果实部分授粉就会出现畸形果。没有种子的地方不膨大,这一现象是由果实组织膨大与种子分泌生长素有关,不受精的雌蕊可分泌生长抑制素,阻碍了果实的膨大。一个果上种子多、凸果硬度好,果耐运输。

> **特别提示**
>
> 草莓果实的可食部分是由花托发育而成的。其真正果实为瘦果,内有一粒种子,很小。草莓种子易发芽。春播种子翌年可结果。

15 草莓营养生长期的生长发育有什么特点?

果实采收后,在高温长日照条件下,草莓腋芽开始抽生大量匍匐茎。随后腋芽又分生出新茎,在新茎基部相继长出根,由匍匍茎分生出新的子苗，进入旺盛生长期。这为草莓的苗木繁殖创造了条件。

16　草莓花芽分化期的生长发育有什么特点?

随着气温降低和日照缩短，草莓开始进行花芽分化。花芽分化的质量和数量是草莓产量的基础。不同地区和不同品种，花芽分化的时间也不同，即使同株分化也有差异，顶花芽分化早，腋花芽分化晚。在北方地区，因气温下降较快，日照变短时间也早，花芽分化时间比南方地区要早。在花芽分化期，地上部生长缓慢，地下生长出现高峰。叶片制造的营养物质向茎和根系转移，进行营养积累。植株生长势，叶片的多少，对花芽分化有较大的影响，表现为植株健壮，叶片多，花芽分化早，数量多，花芽质量好。

低温和短日照是花芽分化的必须条件。花芽分化期间，控制施氮肥，不然会影响花芽的分化。秋后摘除老叶也能促进花芽分化，但要适度，不能过分地摘叶，否则会阻碍花芽的分化。早熟品种需天数少，晚熟品种需要的天数多。

特别提示

不同品种的草莓，花芽分化所需的低温和日照长短是不同的。一季草莓于秋季形成花芽。二季草莓对花芽分化要求的低温和日照长短感受不敏感，除年前秋季分化花芽，初夏开花结果外，在当年夏季冷凉和较长日照条件下再次分化花芽。四季草莓花芽分化不受低温和短日照限制。

17　草莓开花、授粉与果实成熟期的生长发育有什么特点?

草莓在日平均温度 10℃ 以上开始开花。开花前花药中的花粉粒初步形成，已有较低的发芽力，至开花后 2 天发芽力达至最高。开药的适宜温度为 13~15℃，温度过高过低，湿度过大或降雨均不开药，或开药后花粉干枯、破裂，不能授粉。雌蕊受精能力从开花当日至花后 4 天最高，由昆虫、风和振动传播花粉。

草莓果实的发育从开花到果实成熟需 30～40 天，温度低则成熟慢。四季草莓在夏季需 20～25 天成熟，秋季需 60 天成熟。当外界的温度适宜时，果柄粗，温度高时果柄长。在日照强度大和较低温度下，果实所含的芳香物质、果胶、色素以及维生素 C 均较高。

特别提示

温度过高过低，湿度过大或降雨均不开药，或开药后花粉干枯、破裂，不能授粉。雌蕊受精能力从开花当日至花后 4 天最高，由昆虫、风和振动传播花粉。

18　草莓植株休眠是怎么回事？对生产有什么影响？

休眠是植株生理对外界条件的一种适应性反应。在秋末初冬，气温不断下降，日照变短，草莓逐渐停止生长而进行休眠。这时仍进行一些生理活动，植株在适当温度条件下也可展开新叶，开始结果，但不正常。进入休眠期的草莓，花芽分化以后，叶柄变短，叶片小，叶柄逐渐与地面平行，不再生出匍匐茎，植株呈矮化状态。

草莓植株休眠是受日照长度和温度的影响。只有在低温和短日照条件下植株才进入休眠。从秋季到冬季，日照长度逐渐加深。到第二年春天，外界气温逐渐回升，日照长度增加，草莓植株又开始生长发育。打破了自然休眠期。草莓休眠是植株生长对冷冬不适应的自卫生理现象。是受着低温和短日照条件的影响。植株休眠要经过一定时间的 5～-5℃低温，然后温度升高时再开始生长。休眠期的深浅因品种不同而异。有的休眠期浅，有的休眠期深。

> **特别提示**
>
> 　　露地栽培的休眠期一般从 10 月中旬开始至第二年 1 月份。同一品种在北方种植，休眠期要比南方早。植株经过一段时间休眠后，产生解除休眠素物质而恢复生长。生理休眠解除后如果温度仍然较低，还会处于休眠状态，等到春暖日照加长时，才能进入正常生长。生产上可于早春用保温设施进行提早栽培。

19　草莓生长发育对温度有什么要求？

　　草莓适宜冷凉的气候条件，地上部在 −5 ~ −10℃时的低温条件下经 3 ~ 5 天不会冻死，但时间过长叶片会枯死。草莓生长发育的适宜温度为 18 ~ 25℃，夜时最低 12℃。当气温高达 30℃以上时，生长受到抑制；长时间气温过高植株会枯萎，老植株会死亡。早春土壤温度达到 2℃时，根系开始活动，10℃时开始形成新根，根系生长最适宜温度为 15 ~ 20℃，秋天温度下降到 7 ~ 8℃时生长减慢，春季外界气温达到 5℃时，草莓植株开始萌芽，茎叶开始生长。地上部生长最适温度为 20 ~ 26℃。在开花期低于 0℃或高于 40℃时授粉受精均受到影响，影响种子的发育，导致畸形果。开花和结果期最低温应在 5℃以上。在不加温的日光温室和大棚，如温度低，从开花至果实成熟低温时间过长，则影响果实早上市。果实发育初期，如遇低温易产生畸形果，因此在该阶段保温很重要。在果实发育期，以 15 ~ 20℃的地温为宜，如温度过高会抑制果实的发育。

> **特别提示**
>
> 　　草莓植株不耐热，较耐寒。30℃以上高温和 15℃以下低温，光合效率降低。−1℃以下，35℃以上，植株发生严重生理失调。

20 草莓生长发育对光照有什么要求?

草莓发育期需要充足的光照条件,光照充足,植株生长良好,光合作用旺盛,同化率高。碳水化合物向果实里提供的多,促进果实膨大,果内糖分积累多,品质好,在温室大棚栽培条件下,经常清除灰尘,提高透光率。草莓抽生匍匐茎,也需在长日照和高温条件下才能形成。而花芽则只能在短日照和低温条件下植株才能形成。

21 草莓生长发育对水分有什么要求?

草莓叶面积大,蒸发量大,在开花结果期、旺盛生长时期和抽生大量匍匐茎时都需要大量的水分。但植株在各个生长发育时期,所需水量各不相同。尤其是抽生大量匍匐茎时需水量多,所以,在育苗期不能缺水,否则影响子苗的生长。土壤水分充足,疏松湿润,幼苗易扎根,保证幼苗的数量和质量。在开花期,土壤持水量不能低于70%,在果实膨大及成熟期,土壤含水量不低于80%。不然坐果率低,果个小,品质差。在花芽分化期要求水量少,土壤持水量在60%。在此期间,应适当干旱,促进花芽分化。草莓不耐涝,植株生长发育期要求适量的水分,浇水后一定松土,使土壤通透性良好,有足够的空气,不能长时间积水,否则土壤里缺氧,造成植株生长发育不良。秋季雨水多时,要注意排水。

特别提示

草莓根系入土浅,不耐旱,适于在保水、排水、通气能力良好的富含有机物质土壤种植。收果期多雨易引起果实腐烂。

22　草莓生长发育对土壤养分有什么要求？

土壤和肥料是草莓丰产的基础。草莓根系为须根，分布浅，有70%的根系分布在20厘米深土层中。草莓又是喜水、喜肥的作物，所以要求保肥保水能力强，通气良好，质地疏松的中性沙壤土。地下水位应在1米以下，碱性地和黏土都不适合草莓生长。土壤pH值5.5~6草莓生长良好。pH值8以上不适合生长。所以要种植在中性和弱酸性的土壤里。要施足有机肥，使土壤含有多种营养元素，以满足草莓生长发育的需求。

> **特别提示**
>
> 草莓对土壤要求不严，沙壤土能促进早发育，前期产量高，但土壤易干旱，结果期短，总产量低；黏土上种植植株生长慢，结果期迟，但定植后二三年植株发育良好。草莓喜微酸性土壤，土壤pH值5.5~6为宜。

草莓品种选用原则和主要优良品种

草莓属于蔷薇科草莓属植物。目前，生产上栽培的草莓品种繁多，世界上已登记的草莓品种约有2000多个，在生产上应用的草莓品种也有几百个。在这些品种中，除了四季草莓源于野生草莓外，其余主要来源于欧洲、美国和日本，多数源于原产美洲的凤梨草莓、深红草莓和智利草莓等杂交后代。草莓品种引种后经多年的栽培，已形成了各具特色的栽培品种。

23 草莓品种的类型有哪些？生产上如何选用？（视频1）

草莓品种根据不同的分类方法，可以分为不同的类型。在表现形式上，有的适于露地栽培，有的适于保护地栽培，有的适于鲜食，有的适于加工。对于草莓品种类型的划分，有的根据其对日照反应不同而分为短日照型、长日照型和日中性的；亦有按其对温度感应的不同将其分为低温型、中温型、高温型。按照草莓的休眠特性，可将草莓分为三大类型，即寒地型、暖地型、中间型，亦称北方型、南方型和中间型。

寒地型品种是指那些休眠较深的草莓品种。当草莓休眠后，需要5℃以下的积温在1000小时以上时才能打破休眠。如美国6

号、森加纳、哈尼、戈雷拉、全明星、新明星、红玫瑰、皇冠、盛冈、索菲亚、卫士、明晶等。

暖地型品种是指那些休眠较浅的草莓品种。当草莓休眠后，需要 5℃ 以下的积温在 50～150 小时即能打破休眠。如幸香、丰香、鬼怒甘、女峰、春香、明宝、丽红、秋香、静香、静宝、爱莓、弗吉利亚、吐德拉、红宝石、大将军、天娇、肯特等。

中间型品种是介于上述两种品种休眠特性之间的品种。当草莓休眠后，5℃ 以下的积温在 200～750 小时范围内。如宝交早生、达娜、玛利亚、赛奎亚、奖赏等。

特别提示

　　三种类型的品种要区分使用，不能盲目种植，暖地型品种一般作为保护地栽培，不宜用作露地栽培，否则易因低温过量而造成徒长，导致减产；反之，将寒地型品种用于大棚栽培则会造成休眠不易打破，植株生长发育不良，同样减产。

---

24 **适合露地栽培的草莓品种有哪些？各有什么特点？**
（视频 2）

镇莓 4 号　镇莓 4 号又称新四季 1 号，江苏镇江农科所从引进品系中筛选而成。为早中熟品种，适于秋栽，露地栽培，是目前日中性四季型品种中有前途的草莓新品种。该品种一年春夏秋 2～3 次结果。果实圆锥型，大果型，一级序果平均重 25 克，最大果重 60 克以上。果面平整，鲜红色，光泽好，果肉淡红。果实韧性强，耐贮运好。丰产性强，单株花序 6～7 个，年株产 400 克以上。露地年亩产 2000 千克以上。

该品种用脱病毒原种苗后代繁育子苗。对 10 月中下旬定植的要采用假植育苗，培育壮苗。露地栽培可在 9 月下旬至 10 月上旬前。半促成在 9 月中旬前。栽植过晚草莓冬前形不成壮苗，造成花芽分化数量少质量差，影响产量和品质。增施有机肥和磷钾肥。露地栽培采用黑色地膜或透明地膜覆盖，保持土壤湿度，减少烂果，提早成熟和提高品质。特别在阴雨天注意及时排水。

硕丰 江苏农业科学院选育。属晚熟品种，适合露地栽培。植株生长势强，株形直立，株冠开展。叶片大而厚，深绿色。每株有 3 个花序，序直立，与叶面相平。每序有 8 朵花，两性花。果大，一级序果平均重 20 克，最大 50 克。果短圆锥形，果肉红色，品质优良。丰产，平均株产 275 克。适合长江中下游地区栽培。植株直立，生长势强，矮壮。耐热性强，夏季高温下仍能健康生长，匍匐茎抽生能力强，适于密植。

该品种在南方宜采用高垄双行定植方法，每亩定植 8000 ~ 10 000 株为宜。虽为耐热性品种，但高温干旱天气下仍应重视抗旱保苗措施。适应性较强。

赛奎亚 美国草莓品种。果实圆锥形，果较大，平均单果重 15.8 克，最大果重 41 克。果面平整无棱，深红色，光泽强，外观美。品质上等，耐贮运性稍差。

该品种植株较直立植株生长势强，匍匐茎抽生能力中等，适合露地栽培，也可利用塑料小棚、地膜等保护设施提早果实成熟期。植株生长健壮，抗病能力较强，但苗期高温时对叶斑病抗性较差，应注意防除，加强水肥管理。果实应及时采收，采收过晚，果色易变暗，影响美观，同时易碰伤，不耐贮运。苗定植后发根缓苗快，生长也较快，应增施磷钾肥，促进花芽发育。

因都卡 荷兰草莓品种。果实短圆锥形，平均单果重 14.5 克，果面平整无棱，全面着色，深红，光泽较强，外观好。品质较好。采收过迟，果面光泽易消退影响美观。果实较耐贮运。适于鲜食，也适于加工制酱。植株半开张，植株较小，生长势中庸。匍匐茎抽生能力中等，休眠性深，适合露地栽培。栽培时可以适当密植，每亩地苗数不应少于 7000 株。花序和果数多，其丰产性在肥水充足条件下，才能充分表现。

为了提高果重和商品果率，栽种前应施足底肥，秋、春季加强肥水管理。果实耐贮运性较强，在植株上保存时间较长，但因果实过熟光泽易消退，影响外观，所以还应适时采摘。对红中柱病抗性强，枯萎病发病率低，但对果腐病较敏感。

威斯塔尔　加拿大草莓品种。该品种果实楔形或圆锥形，果面平整无棱，平均单果重 13 克左右，红色，光泽强，外观美，品质上等。耐贮运性稍差。植株较开张，植株生长势强，匍匐茎和新茎分生能力中等偏弱，适合露地栽培。开花坐果期注意加强肥水管理，提高商品果率以进一步提高产量。对蛇眼病、萎凋病抗性中等，易感叶焦病，在开花结果后繁殖幼苗时，应及时摘除下部病叶，注意防治。种果大，外观美，品质好，既适合鲜食又适合加工，是一个优良的露地栽培品种。在我国南北方均可栽培。

该品种繁殖能力偏弱，因此最好采用专门母株进行繁殖，并加强肥水管理，以促进子苗的发生。

石莓 4 号　石家庄果树研究所用宝交早生与石莓 1 号杂交育成。该品种果实圆锥形，橘红色，畸形果少，果实个大，一级序果平均 36.7 克，最大 75 克；平均株产 393 克，丰产；果实整齐，无裂果，商品性好；果肉乳白色，细腻，汁中多，味浓，口感好，髓心小；种子黄绿色，稍陷入果面。对叶斑和白粉病有明显的抗性。

该品种我国大部分地区均可栽培，适宜密植，露地栽每亩10 000 株左右，保护地每亩 12 000 株左右，苗田每亩 2500 株左右为宜。不必疏花疏果，注意防治蚜虫及地下害虫；施足有机肥。

早红　意大利草莓品种。果个大，最大单果重 130 克，一级序果平均重可达 30~40 克。果实扁圆锥形，颜色鲜红，风味甜酸适口，有香味，品质优良。西安地区露地栽培时在 4 月初成熟。

丰产，大田单株产量可达 500 克，单株平均抽生 3~4 个，每花序 8~12 朵花，一般亩产可达 2700~3000 千克，繁殖系数高，一般可达 100 株以上。抗红中柱病、叶斑病及苗萎病。

红太后 意大利草莓品种。果个大，最大单果重 150 克，一级序果平均重可达 30~50 克，果实扁圆锥形，硬度大，颜色鲜艳光亮，外观诱人，风味甜酸适口，香味浓，品质优良。西安地区露地栽培时在 4 月初成熟。极丰产，大田单株可达 600 克，单株平均生 3~8 个，每花序 8~12 朵花；一般亩产可达 3000 千克以上，繁殖系数中等，一般 60~80 株。抗红中柱病、叶斑病及苗萎病。

硕露 江苏省农业科学院选育。该品种平均单果重 17 克，果尖端尖，肩部狭，果实近纺锤形，鲜红色，光泽好。为早熟品种，果实坚韧，耐贮性好，加工性能好。植株直立，生长势强，耐热性强。

该品种适于密植，在南方宜采用高垄定植方法，每亩地定植 8000~10 000 株为宜。进行地膜覆盖可提早 7~10 天成熟。高温干旱天气，仍需注意抗旱保苗。适栽地较为广泛，可在长江中下游及其适宜地区发展。

森嘎拉 森嘎拉为德国品种，是世界上最重要的加工草莓品种，具有适于加工的诸多性状。该品种果实整齐美观，颜色深红有光泽，果汁多，具香味，果肉甜酸适口，硬度较大，除萼容易。波兰是世界最大的速冻草莓出口国，森嘎拉占其草莓种植面积的 80% 左右。植株生长势强，较直立，叶片大，近圆形，叶色蓝绿，叶柄粗。果实短圆锥形或短楔形，种子黄绿色，平嵌于果面。一级序果常具棱沟，平均单果重 25 克，最大果 40 克。丰产性好，露地栽培亩产量为 1500~2500 千克。抗病性较强，尤其是抗叶部病害能力强。由于匍匐茎繁殖能力较弱，栽培时宜用脱毒苗。

该品种开始抽生匍匐茎时应喷两次赤霉素，以促发匍匐茎。

还应注意及时补充肥水和加强病虫害防治。

25 适合半促成栽培的草莓品种有哪些? 各有什么特点? (视频3)

石莓3号 河北省农林科学院石家庄果树研究所以183-2为母本、全明星为父本杂交育成了高产、大果、优质的中早熟草莓新品种。该品种植株生长势强,株冠大,较直立,株高23~30厘米,叶片较大且厚,近圆形,深绿色。1~2级序果平均单果质量31克,最大单果质量78.7克;果实圆锥形或楔形,鲜红色,果面平整有光泽,种子黄色,中等大小,陷入果面较浅;果肉红色,肉质细,汁液多,味酸甜,香气浓,果实硬度较大,品质上等。平均株产484克,最高株产557克。匍匐茎生长势强,繁苗率高。

该品种适合我国中北部地区露地或半促成栽培,具有极强的生长势、繁殖力和高产潜力。适当稀植,丰产田每亩定植最好在8月下旬至9月初,以1.2万~1.5万株为宜。生产田要及时摘除匍匐茎、无效花和无效果。定植前施足底肥,生长季加强肥水管理,注意防治叶斑病。

宝交早生 从日本引进,属于早熟品种,适合多种栽培形式。该品种植株生长势中,株姿开展。叶片大,长圆形,叶绿色,叶面平展,每株有3个花序,花序斜生,平于或高于叶面,每序有6朵花,两性花。果实大,一级序果平均17克,最大30克。果圆锥形,鲜红色,有光泽,果肉白色,质地细,风味甜酸,可溶性固形物9%~10%,品质优。耐贮运性强,适合鲜食,也可以加工制酱。北京5月中旬采收。一般亩产1000~1500千克,最高达2000千克。我国南北方均适于栽培。采用保护地栽培,可以提早到3~4月成熟。耐贮运性较差。适于鲜食,也可以加工制酱。植株较直立,生长势较强。

该品种匍匐茎抽生能力较强,适合露地或塑料棚、小拱棚等不加温保护地栽培。花序数、果数多，为了提高果重和商品果率，应施足底肥，加强秋、春季的肥水管理。休眠性中等，在进行保护地栽培时，不宜过早保温或加温，否则植株矮小，影响产量。不适合温室栽培。在进行保护地栽培时，最好建立繁殖圃，以专用母株繁殖幼苗。对灰霉病抗性弱，保护地栽培特别要注意通风，降低棚内温度，减少病害发生。宝交早生适应性广，在我国南北方均适合种植，不仅可露地栽培，也可保护地栽培。

全明星　美国早中熟草莓品种。适合半促成栽培。该品种植株生长势强，植株直立，株冠大。叶形大，圆形叶，深绿，叶面平。花序低于叶面，每株有 3 个花序，每序有 6 朵花，两性花。果实大，一级序果平均重 30 克，最大 45 克。果橙红色，长椭圆形。果形不规则。果肉硬度好。果肉淡红色，汁多，可溶性固形物 10%。甜酸可口，有香味，丰产，一般每亩产 1500～2000 千克。北京 5 月中旬采收。适合我国北方栽培。

该品种每亩地栽植株数不宜超过 7000 株。花序和果数都较多，要求肥水充足。繁殖能力偏弱，最好采用专门母株进行繁殖。生长势强，对枯萎病、白粉病及红中柱病的部分生理小种抗性强，对黄萎病也有一定的抗性。

美香莎　美国草莓品种。高产、极早熟、多抗性、风味佳、硬度大，且极耐贮运，现已成为美国、欧盟和日本市场最受欢迎的鲜食草莓品种。该品种果实长圆锥形，果面规整，花萼向后翻卷；果个大，最大单果重 100 克以上，一级果平均单果重 55 克；果面鲜红，有光泽，果肉红色；果实硬度大；保质期长，贮运期果不褐变，适合长途运输。果实香甜，风味好。果实连续采收期长达 6～7 个月。植株生长势强，葡匐茎抽生较多，抗旱，耐高温，对多种重茬连作病害如灰霉病和白粉病具有高度抗性。适合栽培地区广泛。花芽分化容易，花量大；休眠浅，果实极早熟，坐果率高。北方日光温室栽培可收果 2～3 次，丰产性能好，年亩产量在 4000 千克以上。适合露地栽培及日光温室促成栽培。

该品种地毯式栽培或大垄双行栽培。春栽母本苗，亩用苗量 500～700 株。秋栽生产田亩用苗 8000～10 000 株。植株萌发后破膜提苗，及时摘除病叶和植株下部呈水平状态的老叶、黄化叶片及抽生的葡匐茎。全园浇 1 次透水，保证植株正常生长。开花期保留 2～3 个健壮的花序，每个花序保留 7～12 个果实。果面全部变红后再延迟 1～2 天采摘。为防止腐烂，应在每天早晨及时采摘，防止高温和日晒。

戈雷拉 比利时草莓品种，属早中熟品种，可以半促成，更适合露地栽培。该品种植株生长势较强，株开展，矮壮，休眠期较深，叶片较小，叶椭圆形，叶片厚，深绿色，叶面平展。每档 2 个花序，每序有 8 朵花，花序斜生，低于叶面，两性花。果实大，平均单果重 16 克，最大 25 克，短楔形，果面有纵沟不平整，果红色，无光泽。果肉红色，质地细，汁多，味甜酸，可溶性固形物 10%～12%，品质优良。耐贮运性好。抗病能力强。

该品种适当密植，每亩地苗数不应低于 7000 株，根据条件可栽植 7000～10 000 株。抗寒性和抗病性均较强，栽培容易。栽培中应加强肥水管理，以提高其商品果率。行保护地栽培，晚保温比早保温的产量高。成熟期较早，果实外观品质均较好，产量高，适应性较强，我国南北方均可种植。

印度卡 荷兰草莓品种，属早中熟品种，适合半促成和露地栽培。植株生长势强，株形开展，株矮。叶片小，长圆形，叶深绿色，有光泽。每株有 3 个花序。花序低于叶面，斜生，每序有 10 朵花，两性花。果实大，一级序果平均重 15 克，最大重 20 克。果圆锥形，红色。果肉红色，质地软，汁多，可溶性固形物 9%，品质中等。平均株产 300 克。抗病力强，适应性较强。

镇莓 2 号 镇莓 2 号又称巨新 2 号，江苏镇江农科所从新西兰品系中筛选而成。为中晚熟品种，成熟较硕丰稍早。适于露地、拱棚半促成栽培，是目前加工品质比硕丰好的高档草莓新品种。该品种果实圆锥型，大果型，一级序果平均重 25～30 克，最大果重 60 克以上。果面平整，深红色，光泽好，果肉全红，可溶固形物 8%～12%。果实韧强，耐贮运好。丰产性强，单株花序 3～4 个，株产 250 克以上，大棚半促成亩产 2000 千克，最高亩产 3000 千克以上。露地亩产 1300～1500 千克。

该品种选用脱病毒原种苗后代繁育的子苗。露地栽培可在 9 月下旬至 10 月中旬前。半促成在 9 月中旬前。拱棚半促成栽培，可在 11 月中下旬或 12 月下旬保温，施用生长调节剂 2 次左右。并在花期前放养蜜蜂授粉。

美国红丰　美国大果型草莓品种。该品种植株健壮，根系发达，叶大肥厚，叶柄短，花朵大，果实大，一般单果重 60 克，最大单果重 105 克。适应性广，耐寒性强，对气候、土壤要求不严。果为圆锥形，果色鲜红，富有光泽，果实坚韧，耐贮运。单株产量达 1152 克，一般亩产 2500 千克，最高达 4000 千克。采果期没有畸形果现象。高抗灰霉病、病毒病，轻感白粉病。

该品种春、秋、冬三季均可栽培，缓苗快，易成活。每亩栽苗 3000～4000 株为宜。定植 5 天内每早晚浇水各 1 次。11 月中旬，将地膜盖上，增加地温，保使幼苗健壮。

益香　从日本草莓品种静岗 1 号杂交种子的实生苗中分离出的新品系，表现为早熟，果实大而整齐，外观鲜艳美丽，品质优良，抗病性好，特别是高抗白粉病，商品性好。该品种果形大而整齐，最大果重 100 克以上，一级序果重 20～30 克，平均单果重 15 克以上。且畸形果少，浆果商品率高。果圆锥形，果色鲜红光亮，十分诱人。果肉白色，肉质细，甜而微酸，果实较硬，耐贮。抗病能力强于丰香。丰产性一般。植株生长势较强，矮而健壮。发生葡匐茎能力较强。繁苗较易。叶片近圆形，叶色较深，光滑。休眠稍深于丰香。是大棚促成及半促成栽培的新品种。适于江苏、上海、河南、安徽、浙江等地栽种。

该品种培育壮苗标准为苗龄 40~50 天，绿叶数 5 张以上，根颈粗 0.8~1.0 厘米，植株矮壮，根系发达、白根多，无病虫害；同时花芽分化要早。2 月上旬畦中间单行定植，在梅雨期前预防 3~4 次病虫害，梅雨期尽早发苗，重视补肥，确保足够苗数。采用露地假植，假植时间在 7 月上中旬至 8 月上旬，选择低温阴雨天气及时移栽，分批采集 4~5 张绿叶的壮苗假植，株距 10~15 厘米，集中管理。在 8 月中旬开始至花芽分化前，促进花芽分化。

弗吉尼亚　弗吉尼亚又名杜克拉，西班牙草莓品种。该品种植株健壮，叶片卵圆形，黄绿色，匍匐茎抽生能力很强。果实为宽楔形或长圆锥形，果面有棱沟，色鲜红，光泽强，外观艳丽。肉质细腻，味稍淡，稍有香味，鲜食品质中等。果实硬度高，极耐贮运，果个大，一级序果平均单果重 42 克左右，最大果超过 100 克，果个较均匀。种子亮黄色，分布均匀，微凹入果面。

该品种日光温室栽培，从 11 月下旬开始采果，可多次开花结果，直至 7 月初，个别高产园亩产量可达 5000 千克。休眠浅，适应性广，抗病虫害能力强，极抗白粉病。栽培容易，鲜食和加工均适宜，是目前最高产的草莓品种。栽培时仍应放养蜜蜂，亩栽植 9000~11 000 株。

奉冠 1 号　浙江省奉化市草莓研究所选育。奉冠 1 号属浅休眠略偏深品种，5℃ 以下打破休眠需 80~100 小时。植株生长旺盛。株形半开张而直立，小苗植株矮壮，成苗植株高大，匍匐茎发生量多而节间短、叶片圆而大，叶色浓绿，茎叶发生较快，叶柄粗壮坚硬，根系发达。花序梗矮壮直立，低于叶面，两性花，花穗整齐而均匀。果形圆锥型，果个大，一级序果平均单果重 17.2 克，一级序果顶果最大单果重 120 克，鲜红，果面平整，种子小，果肉淡红色，较软，香气较浓，风味酸甜适口，适宜鲜食，也适宜加工。花蕾 10~12 个，丰产性好，每亩一级序果平均产量

1241 千克。抗灰霉病，较抗白粉病和炭疽病，对红茎根腐病抗性比对照品种章姬、红颊强，比丰香弱。

选择地势较高、排灌方便、土层深且前几年是水稻田的沙壤土作为育苗圃。为防止因前期气温高、日照时间长生长旺盛而推迟花芽分化，移栽期应比丰香推迟，当地适宜的定植时间为 9 月 20 日左右。奉冠 1 号植株高大，可适当加大株距，每亩栽 6000 株左右。苗木定植后至花芽分化前适当控水、控肥，防止生长过旺造成花芽分化推迟。该品种开花整齐、集中，结果过多会导致果个减小、树势后期早衰，必须及时疏花疏果及整理植株。一般保留 2 个花茎，第 1 代花序留果 7 ~ 8 个，最多留果 8 ~ 10 个；第 2、3 代花序留果 6 ~ 7 个，并及时摘除老叶、病叶和一代采果后的老花梗，每株保留 8 ~ 10 片叶。

26 适合促成栽培的草莓品种有哪些？各有什么特点？（视频 4）

红颊 红颊为日本品种，是大棚草莓栽培中较为理想的优质大果型草莓新品种。该品种适应性强、产量高、长势旺、果实大、品质优、口感佳、商品性好、耐低温、果硬、耐储藏运输。该品种植株生长旺盛，株形直立高大，株高约 28.7 厘米、株幅 25 厘米。叶片长，叶色嫩绿，叶数少。匍匐茎粗壮。花茎粗壮，直立花茎数少，单株花序数 3 ~ 5 个，花量较少，顶花序 8 ~ 10 朵、侧花序 5 ~ 7 朵，生产上植株整理和疏花疏果的工作量较小。浅休眠。花穗大，花轴长而粗壮，花序抽生连续，结果性好，畸形果少。平均单果重 15 克左右。果实呈长圆锥形，表面和内部色泽均呈鲜红色，着色一致，外形美观，富有光泽。酸甜适口，耐贮运性好。香味浓，口感好，品质极佳。该品种较抗白粉病，但耐热、耐湿能力弱，易感炭疽病、灰霉病和叶斑病。

该品种耐高温能力弱，夏季高温时节育苗比较困难。选择土质疏松、未种过草莓的沙壤土为育苗地，最好是高山凉爽地育苗。母株最好在 3 月下旬前定植；选择组培苗作为繁育母株能大大提高繁殖系数。种植不宜过密，每亩种植 500 株左右。最好在草莓定植前 1 个月即 7 月下旬到 8 月初进行假植，可采取短日照、降温、高山育苗等措施促进花芽分化，并通过假植提高定植成活率。由于该品种株型大，为避免株间郁闭引发灰霉病等病害，宜适当稀植。畦面宽 60 厘米以上，畦高 35 厘米，每畦双行定植，株距 22 厘米，每亩栽 6000 株左右。定植时要求带土移植，提高成活率，定植后及时浇透水；栽植深度以"深不埋心，浅不露根"为标准。

鬼怒甘 日本草莓品种，长势旺、适应性广、果大丰产、耐贮运，特别适合大棚促早熟栽培，是一个综合性状表现优良的草莓品种。该品种根系发达长势旺，抗寒、耐高温性能比一般品种强，适合南北方栽培。果实圆锥形，单果重 25～68 克，果色鲜橙红色，果肉红色，肉质细，松脆爽口，香味浓，风味佳。果实耐贮运。采果期长，产量高，大棚栽培可以从 12 月份开始一直延续到翌年 5 月，平均亩产量达 3000 千克，最高亩产量达 5000 千克。

该品种大棚栽培采取垄栽，垄畦作好后，喷施除草剂。当顶花芽分化率达 50% 时即可定植，亩栽 5000～5200 株。种植时将苗根颈弓背向沟边，并要求将根系剪去一半，否则会引起苗木本身旺长，开花数量多，导致果形变小。自花授粉结果，但采用放蜂异花辅助授粉对改善品质，增加产量效果明显。

章姬 日本草莓品种，适合设施栽培的优质高产新品种。该品种植株生长势强，现蕾期至始果期株态直立，始果期开始株态开张。现蕾期功能叶 6～8 片，株高 12 厘米，叶梗顶部弯曲，小叶呈筒状，根状茎粗 2.5 厘米，花序 2 个；盛果期功能叶 14～16 片，株高 28 厘米，根状茎粗 5 厘米，花序 4 个。章姬果实长圆锥形，果形整齐，第一级序果平均单果重 42 克，最大单果重 102

克；果实红色，果面有光泽，果肉淡红色，果心白色，肉质细腻，口味香甜，果实硬度 0.43 千克/平方厘米，可溶性固形物含量11%。

该品种定植苗要选择经过脱毒的组培苗做母株，育苗圃选择砂壤土、排水通畅的田块；苗生长期间注意防治病虫。定植苗的标准为根茎直径 1 厘米以上，功能叶 5 片以上，无病虫害的健壮苗。定植时亩植 8000～9000 株为宜，栽植过密易造成郁闭，影响开花结果和产量。章姬喜肥性强，定植前施足底肥，每亩施有机肥 6000 千克，磷酸二铵 30 千克，硫酸钾 15 千克。扣棚膜后适当提高温度，促进植株生长发育，花期温度 23～25℃，结果后温度为 20～23℃，为了提高产量，改善品质，还应利用蜜蜂授粉、电灯补光等措施。

大棚覆盖栽培，7～9 月栽植，11 月下旬开始采果，到第二年 6 月结束，采收期长达半年。

枥木少女 日本草莓品种。该品种大果型，最大果重 50 克以上，平均单果重 14～15 克，比女峰高 2～3 克，比明宝、丰香高 1～2 克。亩总产量 1800～2300 千克，4 月底前产量 1500 千克以上，且冬前产量较高，果实商品率高达80%～90%。果皮果肉硬，耐贮运。抗白粉病明显比丰香强，是综合性状超过明宝、丰香的新一代大棚促进栽培新品种。应勤整理匍匐茎和压茎。高温干旱季节注意遮阳避高温干旱。重视经常防治炭疽病、叶斑病等叶面病害和黄、枯萎病等土传病害。因活棵天数比女峰长 2～3 天，假植后及时覆盖遮阳网等，并勤灌水，确保定植成活。育苗后期不宜断肥过早和过晚。大棚定植时苗的根颈粗 1～1.1 厘米为壮苗的重要指标。定植期以在花芽分化稍前或花芽分化初期为宜，定植后灌水。出蕾开花后萼片易发生病害。要防止灌水过多，过繁茂或生长过快易发生萼片水渍状病斑。经常摘除衰老叶片，提高草莓品质。开花至成熟天数比女峰稍短，特别在着色期以后成熟快，要注意防止高温期间的过熟果，由于收获间隔期短，尽早在收获适期采摘，这是提高枥木少女耐贮性的重要措施。

佐贺清香 日本草莓品种，母本为丰香、父本为大锦作。该品种株态直立形，长势强，分蘖枝较少。叶肥大浓绿，越冬苗矮化明显。土壤干旱时容易发生青枯病。大果圆锥形，果肉白黄色，果面鲜红色有光泽，如果干旱缺水，一级序果易出现果面不平滑症状。楞沟果、畸形果比丰香发生率低，商品果率高，由于果实硬度一般，采收、包装至上市的时间要短些。果实的果皮、果肉硬度比丰香略硬，耐贮运性较好。

该品种温室生产田中 2 月初可出现匍匐茎。花芽分花时间比丰香早而且较稳定，一级花序 4～5 枝，在东港市 10 月初温室覆膜保温，10 月下旬即出蕾，出蕾连续性强，间隔时间短，花果数量比丰香少。由于匍匐茎苗发生时间不一样，种苗素质不一样，应在采收种苗时，根据种苗大小分类栽植。温室生产的棚内温度要保持 12℃以上，夜间也应相对提高室温，最低温度应 7～8℃，昼夜和早晚温差不要过大，否则易出现畸形果。

星都 1 号 北京市农林科学院林业果树研究所育成，属于早熟品种，适合促成栽培。植株生长势强，株形较直立。叶片椭圆形，绿色，较厚，叶平展，花序数多，花多。花序与叶面平，两性花。果实大，果圆锥形，红色，有光泽。果肉红色，肉质细，汁多。可溶性固形物 9.5%。丰产性好。北京 5 月初成熟。南北方均可栽培。

星都 2 号 北京市农林科学院林业果树研究所培育，属早熟品种，适合促成栽培。植株生长势强，株形较直立。叶椭圆形，叶片厚，叶面平展。花序数多，花多，序梗中粗，低于叶面，两性花。果个大，红色。一级序果市场 25 克，果楔形，红色，有光泽，果肉红色，汁多，风味甜酸，甜酸适中，品质好。北京 5 月初采收。南北方均可栽培。

丰香 日本草莓品种，属早熟品种，适合促成栽培该品种植株生长势强，株冠开展。叶圆形，叶片大，绿色，较厚。每次株有 2~3 个花序，每花序有 6~7 朵花，花序斜生，低于叶面。果实大，平均果重 18 克，最大 50 克。果圆锥形，红色，有光泽，外观好。果肉白色，果肉细，甜酸适口。有香气，品质好，耐贮运。一般亩产 1600 千克。我国南北方均可栽培。在露地栽培中，为早熟种，保护地栽培中，为极早熟品种，温室栽培可在 12 月收获。适于鲜食，不适合加工制酱。

该品种植株开张，生长后期老叶易贴于地面、滋生病虫，应适当摘除老叶。保护地栽培为了保证苗的质量，必须采取专门母株来繁殖，可进行一次移栽，促进花芽分化。对白粉病抗性较差，应注意防治。

女峰 日本草莓品种，属早熟品种，适合于促成栽培。该品种植株生长势强，株冠开展。叶圆形，叶片大，绿色，较薄，叶面平展。每株花序 2~3 个，每花序有 6~8 朵花。花序斜生并低于叶面，两性花。果实大，一级序果平均 17 克，最大 25 克。果圆锥形，果红色，果肉红色，果肉红色，果肉质地细，叶甜酸，品质好，耐贮运性好，适合鲜食，也适合于加加制酱。亩产 1500 千克以上。我国南北均适于栽培。

该品种温室栽培 12 月至翌年 1 月开始成熟，不加温的保护地 3 月份成熟。株行距应适当加宽，加强通风透光。不宜单一过多施用氮肥，否则植株过于繁茂，影响果实生长。苗期应注意轮斑病的防治，保护地栽培中则特别要注意蚜虫、红蜘蛛的防治。会出现无雄蕊的雌性花，影响早期产量，出现雌性花时应进行人工授粉。

爱莓 日本草莓品种，属早熟品种，适合促成栽培。该品种植株生长势较强，平均株高 16 厘米左右，株冠开展。叶片圆形，叶较大，绿色，较薄，叶面平展，每株花序 1~3 个，每序有 11~

21 朵花。花序斜生，且比叶面低，两性花。果实大，果柄长，果短圆锥形，平均单果重 12 克，最大 30 克。果肉质地细，甜酸适度，品质好，香味浓。平均单株产量 180 克。

该品种在北京露地栽培 5 月初采收。我国南北方均适于栽培。

春香 日本草莓品种，属于早熟品种，适合促成栽培。该品种植株生长势强，株姿较直立，株冠大，片大，叶圆形，叶黄绿色，叶片无光泽，每株有 2～3 个花序，每序有 7 朵花，两性花。果实大，平均果重 18 克，最大 35 克，短楔形，有光泽，果红色，果肉白色，果肉质地细，风味浓，品质佳。北京 5 月初成熟，每亩产量 1500～2000 千克。我国南北方均可栽培。为极早熟品种，利用保护地栽培 11～12 月即可收获。适于鲜食，不适于加工制酱。匍匐茎抽生能力强。

该品种温室栽培中，应及时保温和加温，防止遭受过多的低温，影响产量。为了提早成熟期，苗期可以进行一次移栽，以促进花芽分化。对灰霉病、轮斑病和黄萎病抗性较强，但对白粉病抗性较弱，栽培中应及时防治。在北方最适合温室栽培，长江流域地区可利用大棚等保护设施栽培，广东省等南方可进行露地栽培。

丽红 日本草莓品种，属于早熟，适合促成栽培。该品种植株生长势强，植株较直立，叶片大，叶柄长，叶椭圆形，叶片薄，花序斜生且低于叶面，两性花。果实大，一级序果平均 13 克，最大 50 克。果实长圆锥形。果面红色，具光泽。果肉红色，质地细，果汁多，风味甜酸，有香气，品质优良。北京 5 月初采收。如在保护地中栽培，则可提早成熟。由于其果肉硬度较大，且果皮韧性强，所以耐贮运性强。植株直立，生长势强。

该品种幼苗期遇高温，如适当遮荫有利苗健壮生长。对蚜虫的抗性差，在保护地栽培中，特别应注意及时防治蚜虫。保护地栽培中栽植株行距不宜过密。低温期间丽红果实肩部不易着色而影响外观，温度管理应比其他品种略高。适合于我国南、北方保护地早熟栽培，北方也适合露地栽培，南方高温干旱季节如能注意灌溉等措施。

静宝 日本草莓品种，属早熟品种，适合促成栽培。该品种植株生长势强，株冠大，植株直立。叶片大，叶椭圆形，叶面平展，深绿色，有光泽。每株有 2 个花序，每序有 6 朵花，花序直立且低于叶面，两性花。果实大，一级序果平均重 16 克，最大 30 克。果长圆锥形，果面红色，有光泽。果肉白色，果肉质地细，果汁多，风味浓，甜有香味，品质好。亩产 1500 千克。适宜我国南北方栽培。

秋香 日本草莓品种，属于早熟品种，适合促成栽培。植株长势强，株形开展。叶片长椭圆形，浅绿色。每株有 3 ~ 5 个花序。花序低于叶面，两性花。果实中大，长圆锥形，红色，有光泽。果肉红色，髓心小，肉质细密，果品质好。一级序果平均 16 克，最大 22 克。我国南北方均可栽培。

静香 从日本引进，属于早熟品种，适合促成栽培。植株长势强，株形半开展。叶片椭圆形，叶中等大小，深绿色。每株有 5 ~ 7 个花序。果实中大，长圆锥形，大小整齐，一级序果平均重 15 克，最大 20 克。果红色，具光泽。果肉浅红色，髓心小，质地细。果风味香甜，品质优。丰产，亩产 1500 ~ 2000 千克。我国南北方均适于栽培。

新明星 石家庄果树研究所从全明星品种中选育而成，属中熟品种，适合半促成栽培。植株生长势强，株冠大。叶椭圆形，深绿色，叶厚。花序低于叶面。两性花。果实个大，一级序果平均 25 克，最大 56 克。果楔形，红色，有光泽。果肉橙红色，汁多，风味甜酸，果肉硬度好。每株产量 200 克。丰产性好。

甜查理 美国品种，果实硬度大，外观诱人，风味浓，结果早，果实有独特的甜香味。该品种是个短日照品种，植株生长势强，直立。匍匐茎生长势强，绿色，每株抽生匍匐茎 8～10 条。叶片椭圆形，深绿色，有光泽，叶片大而厚，光泽度强；叶柄绿色，粗壮，长 7.5～10 厘米。两性花，平于叶面，花冠、雌蕊体积、花粉粒均较大。主花序和第一侧花序大多从基部分枝，每个花序有 15～20 朵花。一级序果为圆锥形，二级和二级以后的序果为圆锥形至楔形，平均单果重 17.0 克，果实橘红色，瘦果为黄绿色，稍微凹陷，萼片长 1.5～2.5 厘米，萼片边缘有粗糙的锯齿，果柄粗壮，均匀度高。果肉为橙色并带白色条纹，果实硬度中等。

在同一个大棚内，甜查理可用卡姆罗莎或给维她草莓作为授粉品种，这 3 个品种相互授粉坐果率较高，可改善果实品质，减少畸形果比率。另外，卡姆罗莎具有较强的连续结果能力，可以弥补甜查理第 1 茬果和第 2 茬果之间间隔期较长的问题。栽植壮苗是丰产优质的关键，甜查理优质苗木是根颈粗 1.0～1.2 厘米以上，具有 4～5 片成叶，根系发达，须根多，苗鲜质量 25～30 克以上。在北京地区，以 8 月中下旬定植为宜，定植日期过迟则抑制初期发育，达不到冬前发育程度，会引起花数减少，产量降低。如果因为客观原因造成定植日期太晚，作为弥补方法则最好采用带土坨定植，以缩短缓苗期，提高早期产量。草莓现蕾和开花初期，温度较低，蜜蜂不容易出巢，此时采用熊蜂授粉，可减少畸形果发生，熊蜂寿命一般为 1 个月，为了减少成本和提高授粉效果，可采用蜜蜂和熊蜂共同授粉。为提高商品果率，甜查理每个花序留 6～8 个果。为减少养分消耗，要及时摘除侧芽和老叶、病叶。甜查理以九成熟时采收为宜，此时果面着色全红，色泽艳丽，酸甜适口。

27 草莓引种时应注意哪些问题？

目前生产上，草莓栽培品种不断更新，国内市场上看，还是以鲜食为主，需要大果、色泽艳丽、品质好的品种。为满足市场要求和取得高效益，引入种植优良品种是取得成功的基础。引种时需注意以下事项。

因地制宜 根据当地的气候条件、土壤、栽培方式、品种休眠期特点进行引种。引进早、中、晚不同成熟期的品种，以延长鲜果供应期，使其均衡上市，以满足国内市场迅速增长的需要。

种苗质量 引进纯正脱毒草莓种苗是优质丰产的基础。目前生产上品种混杂、退化较严重。而品种退化，果小带病毒，直接影响产量和品质。所以引进纯正无病毒种苗非常重要。引进新品种，应先试种，如表现好，再扩大繁殖。引进的壮苗，应是植株要具备 4 片叶、根系发达的当年繁殖的匍匐茎苗。

引种时间 一般在早春（解冻后）和秋季进行引种，北方多在 8 月底 9 月初引种。南方从北方引种时应在 10 月份，花芽分化完成后引种最合适。

包装运输技术 为提高引种成活度，采苗后，每 50～100 株捆为 1 捆，每捆挂上品种标签。根系要理齐，使其整齐一致。如长途运输。要保证根系潮湿，防干燥，否则降低成活率。把每捆种苗放在纸箱中，箱底放上薄膜或板纸（潮湿），将箱用塑料绳捆好放在低温处，最好当天挖苗当天运走。

及时种植 当秧苗运到目的地时，把苗箱立即打开，放有荫凉处，根部保湿，及时进行定植，确保植后成活。

28 草莓品种和栽培形式有什么关系？

促成栽培 促成栽培是草莓保护地栽培的一种形式，其收获上市时间最早、收获时间最长、经济效益也最高。主要栽培原理是，通过提早草莓的花芽分化，防止其休眠并及时保温，提供其生长发育需要的环境条件，使其于新年前收获上市。此种栽培形式，按其栽培原理如果能够提前进行花芽分化和防止休眠，应该说三种类型的品种都可进行促成栽培。但是，生产中由于品种的花芽分化较晚及伴随着花芽分化发生的休眠，使多数品种不适合促成栽培。因此在生产中，一般多采用暖地型品种进行促成栽培或半促成栽培，即使因保温不利或处理不当造成休眠也很容易被打破，使栽培易于成功。

半促成栽培 半促成栽培是较促成栽培草莓上市时间较晚的栽培形式，其栽培原理是让草莓在自然条件下进行花芽分化，并接受5℃以下的低温，使其自然休眠解除后再进行保温，并提供其生长发育需要的环境条件，提前开花结果收获上市。该种栽培形式由于对休眠的因素要求不严格，无论草莓发生休眠的程度如何，都可通过自然条件下的低温积累而打破休眠，只不过是根据品种打破休眠所需要的时间不同而保温时间不同而已。因此从这一角度考虑，该种形式所选用的品种范围宽一些，既可用暖地型品种，也可用中间型品种，用暖地型品种开始保温时间早一些，而用中间型品种则开始保温时间晚一些。从市场角度考虑，如果要求春节收获上市，则更适合使用中间型品种，没有低温过量之忧虑。

简易保护地栽培及露地栽培 简易保护地栽培与露地栽培都是上市较晚的栽培形式，简易保护地形式如小拱棚、地膜等，从接受低温量的角度来考虑与露地栽培差异不大。因为在漫长的冬季所接受的低温量是非常大的，所以该种形式适合于选用寒地型品种和需低温量较多的中间型品种，而暖地型品种一般不宜用作露地栽培，如果选用则植株会因低温过量而徒长，导致减产。

草 莓 繁 殖

草莓繁殖有利用匍匐蔓分株、根茎分株和播种等方法。另外，近几年采取组织培养方法繁殖幼苗技术发展也很快，已在上生产上得到广泛应用。目前，生产上应用最广泛的是匍匐蔓分株繁殖方法。根茎繁殖由于繁殖率低，每一个老株只能繁殖1~3株幼苗，而且植株容易早衰，故应用不广。种子繁殖由于后代变异性大，只限于育种和缺少营养苗时应用。

29 什么是草莓匍匐蔓分株繁殖法？怎样准备和管理采苗圃？（视频5）

匍匐蔓繁殖是利用匍匐蔓形成的秧苗，与母株分离形成新的草莓种苗的方法。匍匐蔓分株法繁育的草莓苗具有繁苗质量好、种苗繁殖速度快、母苗繁殖种苗的数量大、繁苗技术简便等优点。

采取匍匐蔓繁殖种苗时，选择易发生匍匐蔓的草莓品种，在采收结束后，建立专用苗圃，使母株保持(80~100)厘米×(30~50)厘米的营养面积，余株移出。匍匐蔓引向空隙，培土于蔓节，使新苗扎根，等到2~4叶龄时，在距苗两侧2~3厘米处断蔓，成为一株新。目前提倡的匍匐蔓繁殖，是以无病毒原种苗作母株为前提，无病毒原种苗，可供繁殖 3 年，以后再繁殖则需重复鉴定，确认仍无病毒后，方可继续进行繁殖。

30　草莓匍匐蔓繁殖时怎样管理草莓母株？（视频 6）

繁殖母株要选择品种纯正，植株健壮，根系发育良好，无病虫害的植株。

准备母株苗圃　采苗圃选择地势平坦，土壤肥沃，疏松，有机质丰富，排灌方便，无病虫害，远离草莓生产田的地块作繁殖圃。母株定植前进行土壤消毒处理，为防止地下害虫，用 50% 辛硫磷或 90% 敌百虫 1000 倍喷洒床面，浅翻 3～5 厘米深。每亩施农家肥 4000～5000 千克，磷酸二铵 30～40 千克，硫酸钾 15～20 千克。整平耙细，床宽 100 厘米，床高 20～30 厘米，床间 20～25 厘米。

苗床假植　在采果大田移栽结束后，将母株假植在田间露地。每床栽 1 行母株，株距 80～100 厘米，每亩定植 600～800 株。繁苗系数低的品种可适当加密，增加母株栽植的株数。在床上按栽植密度刨穴，将母株苗放入穴中央，舒展根系，细培土，培土一半时浇透水，水渗下后封穴，培土深度使秧苗新茎基部要与床面平齐，做到既不露根，又不埋心。

水肥管理　在匍匐蔓发生前或灌水后要及时松土，松土在距母苗 5 厘米以外进行。母株定植后松土 3～4 次即可。除草：结合松土，进行全园除草，匍匐蔓长满后也要及时铲除圃内的杂草。

草莓生长季节干旱时要及时灌水。6～7 月份母株开始抽生匍匐蔓，数量不断增加，母株需要营养数量也随之增加。因此，每 2～3 周进行 1 次根外追肥，喷 0.2% 尿素 2～4 次。8 月份叶面喷 0.2%～0.3% 磷酸二氢钾 1 次。

母株和种苗管理　母株管理的核心是节省营养，以促进抽生匍匐蔓和培育健壮子苗为目标。为确保母株营养积累，促进营养生长，提高子苗繁殖率，母株成活后产生的花序要及时去掉，控制开花和结果。

母株抽生匍匐蔓时要及时引压匍匐蔓，向有生长位置的床面引导抽生的匍匐蔓，当匍匐蔓抽生幼叶时，前端用少量细土压向地面，外露生长点，促进发根。疏除匍匐蔓：进入8月份以后，匍匐蔓子苗布满床面时，要采取摘心的办法及时去掉多余的匍匐蔓，控制生长数量，一般每一母株保留50～60个匍匐子苗，多余的匍匐子苗在匍匐蔓未着地前去掉，9～10月份即可培育出壮苗。

越冬管理　当年不能出圃的苗木要进行越冬管理。越冬管理的关健是防旱和防寒。在封冻前夜冻昼化时，灌水1次，灌足灌透。覆盖防寒物：灌封冻水后2～3天，可用稻草、秸秆、杂草、地膜、草帘等，先在圃田面覆盖碎草2～3厘米，再覆盖整草10～15厘米。然后向露盖物上面泼水或压少量的土固定，防止覆盖物被风吹走，如用地膜覆盖时，按床方向，顺床面平展地膜，用土压严四周，再覆盖草3～5厘米。

31　怎样培育匍匐蔓壮苗？

为提高秧苗的质量，达到壮苗的标准，对匍匐蔓苗进行假植非常重要。假植时间在8月下旬至9月上旬。假植面积小，株行距也小，方便管理。秧苗有充足的营养，使苗生长健壮，通过假植的苗定植到生产田，缓缓苗快，成活率高。

假植　假植地块选择排水、灌水方便，土质疏松，肥沃的沙壤土。先把耕层土壤层土壤耕翻15厘米深，撒施有机腐熟肥1.5厘米厚。50%的鸡粪或猪粪，20%马粪或牛粪，30%绿肥。另外每平方米施氮、钾各15克，磷20克。把表土和肥拌均匀，再翻下耙平。做1米宽的畦，浇水。2天后即可假植。

为便于起苗，防伤根过多，在假植前一天也要给繁殖母本田浇水，水量不宜大，匍匐蔓苗起出后，立即将根系浸泡在甲基托布津液 300 倍或苯菌灵液 500 倍液中 1 小时，然后进行假植。假植时株行中高苗量和假植畦多少而定，一般可采用 15 厘米×15 厘米，也可以用 12 厘米×18 厘米。假植时不能过深过浅，根系垂直向下，不弯曲，不埋心，假植后浇水。晴天时中午遮荫，晚上揭开。坚持早晚浇水 5～7 天。

假植苗管理　成活后追 1 次肥，9 月中旬追施第 2 次肥，每平方米追施 12～15 克氮磷钾复合肥。在假植后 30 天内可适当大水大肥，土壤保持相对含水量在 70%～80% 左右，经常去除老叶、病叶和匍匐蔓，保留 4～5 片叶，可促进根系生长，并有使根茎增粗的作用。如产生腋芽要去除。假植 1 个月以后，要控制水，使土壤持水量在 60% 左右，促进花芽分化。

挖苗出圃　当苗根系淡黄色，有 4～5 片展开叶，即可出圃，草莓起苗时，如起苗的当天或次日就要定植到大田中去，应预先与生产地联系。假如起苗后不能立即栽种，苗应放入冰箱或冷库中贮藏。

母本园挖苗时，应该在挖苗的前 1 天浇透水，使土壤疏松。挖苗时应离开植株稍远一些地方下锄起苗，保证根系不受太大的损伤。决不能用手拔苗。起苗后，用湿麻布等材料覆盖。然后将根上的土拦掉，按苗大小分开，根放入水中浸一浸，每 100 株捆成 1 束，装入竹篓或胶网袋中，立即装车送往生产地。

32　怎样繁殖晚秋和冬季栽培用的匍匐蔓苗?

繁殖晚秋和冬季栽培用的匍匐蔓苗，于春初摘除母株花蕾，使早期发生匍匐蔓生出新苗。6～7 月份假植，夏天用黑塑料纱等覆盖，行短日降温处理。使能早发生花芽，8～10 月份定植。有时对多蔓和节间长品种，待匍匐蔓伸长，将苗引到盛培养土的花盆等容器中，育成新苗。

33 什么是根茎繁殖？生产上怎样进行根茎繁殖？（视频7）

根茎繁殖是利用草莓植株的再生能力，进行繁殖的一种方法。适合不发生匍匐蔓或抽生匍匐茎能力弱、繁殖慢的品种的繁殖。方法是老株都挖起，将新茎下部未生根的根状茎剪去，择取白根多，无病虫的壮苗，留2~3片叶，直接植于苗圃中，或经苗圃分苗后定植。采用老株分生新茎分枝繁殖时，要注意在采果后对植株加强管理。做好中耕松土、除草、施肥、培土、浇水等管理工作。选择地上部叶片较多、有6~7片叶、根茎1~2年生、并有健壮的不定根，然后挖出健壮的苗直接定植到宝产园。

34 草莓怎样用种子繁殖？

草莓采用种子繁殖，一般生产上不用此方法。种子繁殖常用在选育种工作方面。通过对实生苗进行选种。经过多次选择和种植，品种特性到稳定后，再进行中试区试，经鉴定评价后，品种特性和经济性状达到指标要求时方成一个品种。

草莓种子很小，每一粒种子都镶嵌在果实表皮面，取种子的方法是用刀片连果皮一起刮下来，放在纱布里包好在水里搓洗，挤干，放在纸上晾干，待晾干后再搓，把果皮去除，将种子分出来，等春天播种用。春天播种时，先将种子放在盘在用水浸泡1天，等种子吸胀后，把水倒掉，将种用镊子夹在装好潮湿营养的托盘中上面撒一薄层约0.2厘米，厚的细砂进行培养。7左右却可出苗。出苗后精心管理。小苗长出3~4片真叶时，带地定植繁殖田中。

35 采用草莓无毒苗有什么好处？

草莓主要是靠匍匐蔓进行无性繁殖的作物，由于种植年限较长，加上连作、以结果母株繁苗等，体内病毒积累逐年增加，病毒病发生严重。感染了病毒的草莓生长缓慢、叶皱缩、果子一年比一年小、畸形、品质差，一般减产 30% ~ 80%，并逐年加重。在我国已造成损失的草莓病毒病主要有草莓斑驳病毒、草莓轻型黄边病毒、草莓镶脉病毒、草莓皱缩病毒等四种。这四种病毒总侵染率为 80.2%，其中单种病毒侵染率为 41.6%，2 种以上的病毒复合侵染率为 38.6%。病毒病已成为草莓主要病害之一，严重阻碍了草莓产业的发展。

草莓脱毒苗在生产上的优点主要表在：①脱病毒苗生长快，长势旺，茎叶粗壮，繁殖系数高达 50 ~ 100 倍，在生产上示范推广速度快。②由于去除了草莓体内的病毒，植株抗病，耐高温或抗寒能力大大增强。基本上没有病虫害，一般不需要打农药。可以生产出真正的绿色草莓水果或有机水果。③每株开花数多，花序数、座果率平均增加 50% 左右。而且无畸形果。果子质量达到特级或一级，符合草莓出口标准。④果子外观好，色泽鲜红，均匀整齐，果子大，最大单果重 60 ~ 80 克，比一个鸡蛋还大，市场销路好，价格高，可专供高级宾馆、饭店、超市等高级市场，供不应求。⑤结果期长，边成熟边开花，久经不衰。结果期一般延长 20 ~ 25 天，有利于分批上市，减少了一般草莓生产中，采果期集中造成的积压损失。⑥产量高，经济效益好；去病毒苗比原品种未脱毒苗每亩可增产 500 ~ 1000 千克，平均亩产可达 2000 千克，果实收入 6000 ~ 10 000 元。⑦草莓脱毒苗结果后还可繁殖出 20 ~ 50 倍以上的种苗，供大面积应用或出售。每亩出售种苗的经济效益可达 6000 ~ 8000 元。⑧草莓脱毒苗在生产上极明显的增产效益可连续保持 3 年以上，可繁殖出大量脱毒一代、二代和三代苗，因此是 1 年投资，多年受益。每亩脱毒草莓的总经济效益可以达到 12 000 ~ 18 000 元。尤其目前草莓正处于发展时期的省、市，经济效益更高。

脱毒草莓苗在大田生产条件下，经过几年的生长繁殖，由于昆虫的传毒，会使草莓无毒苗重新感染病毒，一般情况下的感染速度为每年10%。在生产上，用草莓脱毒苗经2~3年的种植后，需自觉淘汰，重新引进脱毒生产苗，才能一直保持较好的脱毒效果，从而确保较高的增产效益。

36 什么是草莓脱毒苗？与草莓组培苗有什么区别？

对于病毒病，目前还没有药剂可以有效治理。因此，培育无病毒母本苗，栽培无病毒苗木，是防治草莓病毒病的根本对策。目前，世界上培育草莓无毒苗有3种方法：热治疗法、花药培养法和茎尖培养法。草莓脱毒苗和草莓组织培养苗不同，在处理技术难度上差异很大。

草莓脱毒苗 草莓脱毒苗是以脱毒为目的，采用热处理分生组织培养的高技术手段，在无菌条件下切取0.2毫米大小的生长点，在特定的启动培养基上培养。由于切取的生长点很小，培养的难度大，在最佳启动培养基上经过2个月的培育，才仅有少量生长点能长出无病毒的愈伤组织。然后将愈伤组织接种在繁殖培养基上，1个月后才能长出丛生芽。丛生芽再经转代和生根培养基培育后才能获得试管苗，试管苗还需要经过多次反复病毒鉴定，确认已经把草莓体内的病毒彻底去除后，才能加速繁殖出大量试管苗，并进一步繁殖出原种大苗，供生产上推广应用。

用茎尖培养法进行无病毒苗的培育，是目前世界上获得草莓无毒苗最普通且最有效的方法。

草莓组培苗 草莓组培苗仅仅是应用组织培养技术进行草莓的加速繁殖。在操作处理上，只要用草莓的顶芽、叶片、叶柄接种在合适的培养基上都可以培养出试管苗。由于切取的材料大，一般均在1毫米以上，因此培养容易成功。接种在一般的培养基上1个月就能长出丛生芽和试管苗。培养成功率很高。由于技术难度小，只要具有组织培养基本设备的单位都能进行草莓的组织培养工作，获得组织培养苗。

由于目的是繁殖大量种苗供出售，因此草莓组培苗基本上没有脱毒效果。有些单位和个人宣传组培苗也是脱毒苗，这不仅混淆了两种难度差别很大的技术，还误导了果农，将基本上没有脱毒效果的组培苗，当作增产的有效手段，不仅生产上没有明显的增产效果，同时损害和降低了脱毒苗的声誉。广大技术人员和果农务必要认识清楚两种苗的区别，一定要引进经过国家正规脱病毒成果鉴定的脱毒苗。

37 培养草莓脱毒苗怎样进行草莓脱毒？

热处理法 这种方法是最早应用于培育各种营养繁殖植物无病毒母株的有效方法。采用恒温或变温的热空气处理带毒母株，脱毒效果较好。草莓采用 37～38℃ 恒温或 35～38℃ 变温处理，变温处理可以有效地减少热处理中植株的死亡现象。热处理中相对湿度保持在 70%～80%，光照 5000 勒克斯，一昼夜 16 小时光照。热处理后取其匍匐蔓繁殖后代。

茎尖组织培养脱毒法 由于热处理要求条件高，处理时间长、手续麻烦、费工费事，处理苗数少、成本高，而且只能去掉部分病毒，在生产上难以应用。茎尖培养是目前草莓脱毒中应用最多的方法，对较大分生组织可结合进行短期高温处理或化学药剂治疗，以提高脱毒效果。

随着近代生物技术的发展和日趋成熟，采用改良热处理结合分生组织培养方法，成功地获得了彻底脱毒的种苗。方法是把切取的草莓芽洗净后先经过高温短时间热处理，杀死部分病毒，然后在无菌条件下对经过处理的材料，在解剖镜下解剖，切取分生组织尖端 0.2 毫米生长点，在无菌的条件下接种到添加适当生长素的启动培养基上，在 25℃ 下暗培养。待长出愈伤组织后转入光培养，当生长素的生根培养基上生根培养 20 天后待根长 2～5 厘米时即可炼苗移栽，成活率达到 95% 以上。即可提供县级繁殖基地繁殖出 50～100 倍脱毒原种苗。

花药培养法 采集草莓现蕾后长到 4～6 毫米大小的单核靠边期花蕾，在无菌条件下，经过消毒剥取花药进行培养，诱导产生愈伤组织，再由愈伤组织形成不定芽，最后分化出带有茎叶的独立个体。花药培养的优点是从愈伤组织形成到分化出茎叶过程中，可以脱除病毒，并且脱毒比较高。此方法可以在病毒种类不清和缺乏指示植物鉴定条件下，培育无毒苗。

以上脱毒方法所生产出的苗，都要经过检测无病毒，才能确认脱毒草莓苗，再进行推广种植。

38 怎样把握草莓脱毒种苗快繁技术?（视频 8）

在无病毒苗繁殖过程中，最重要的是防止再感染。经过草莓分生组织培养脱病毒和脱毒苗鉴定，确认为脱毒彻底的脱毒苗后，这种脱毒苗为原原种苗应尽快加速繁殖，同时采取有效的防病毒感染措施，即采用纱网隔离的办法，防止蚜虫和其他昆虫咬食传播病毒。当年即可繁殖出 50 倍以上的脱毒原种苗，供进一步繁殖和推广。

二级种苗要在隔离条件下的专用苗圃内进行繁殖，要离周围草莓园至少 3 千米。避免在栽过草莓的重茬地繁殖无毒苗。并注意定期防治蚜虫。无病毒原种苗可供繁殖 2 年，以后再繁殖，则需要重新鉴定确认无病毒再繁殖。

无病毒草莓苗的繁殖主要采用匍匐蔓繁殖法。该法具有分生量大、速度快、苗质量好等特点。匍匐蔓开始期在 5 月下旬，发生高峰期在 6～7 月上中旬，一直延续到 8 月中旬，一般一年中能发生 6～7 代匍匐蔓子株。为获得较多的健壮匍匐蔓苗，前期要加强水肥管理，后期要进行控制。

管理上要注意以下几点。①匍匐蔓苗，发生前期，灌水后用小锄松土与锄草，大量发生期，人工拔除杂草。②进行疏花，最好全疏，即掐去整个花序。③对母株从基部培土，培土厚度以埋上新根而露出苗心为准。

39 鉴定草莓脱毒苗有哪些方法?

草莓经过脱病毒后，是否达到了脱病毒效果或是否脱病毒彻底，需要经过严格的脱病毒鉴定才能确定。脱病毒鉴定的常用方法一般有以下 3 种:

病毒指示植物鉴定法 具体说来就是用对草莓病毒特别敏感的品种或品系，进行接种鉴定。目前日本、美国和欧洲国家都先后研制出了各种病毒的敏感品系作为各种病毒的指示植物，例如对草莓斑驳病毒特别敏感的品种或品系，对草莓黄边病毒特别敏感的品种或品系，对草莓镶脉病毒特别敏感的品种或品系和对草莓皱缩病毒特别敏感的品种或品系。用这些各种病毒的敏感品系就能鉴定出脱毒效果。具体的操作方法是:将待鉴定的草莓苗种在鉴定圃里或盆栽若干株。然后将小叶切下，分别嫁接到各种病毒的敏感品系上，保湿培养 1 个月，如果发生典型的病毒病斑，说明脱毒不彻底，应该予以淘汰，只有待鉴定的草莓苗的小叶接种在各种病毒敏感品系后均不产生任何病毒的病症，这株草莓苗才算脱毒彻底。

电子显微镜镜检法 草莓的各种病毒都有一定的形态特征，有些是杆状、线状或点状等而且其长度、宽度也不一样。因此利用病毒特定的形态特征，就可以在电子显微镜下进行病毒的鉴定工作。为了防止漏检，应尽量多做切片，同时大量检测才确实可靠。

血清免疫鉴定法 这种方法需要有特定病毒的抗体，一般可委托技术力量较强的科研单位进行。一般情况下，以上 3 种病毒鉴定方法中应该进行其中的 2 种方法同时检测，相互验证，才能算是真正的脱毒苗。获得真正脱毒苗后就可以立即采用组织培养技术，进行加速扩大繁殖。脱毒单位的病毒检测工作最好委托技术力量较强的其他权威单位来检测，可信度更高一些，这样做也是对引种单位和广大农户负责。鉴定后还应该在生产上进行脱毒苗的生产示范比较鉴定，和原品种在同样生产栽培条件下，进行产量和田间农艺性状的比较试验和田间记载，确认脱毒苗的明显增产效果后即可以在生产上推广应用，并加速繁殖到更大的面积。

40 繁殖草莓脱毒苗时要注意哪些问题?

在繁殖过程中，如果条件许可，也应该采用纱网隔离的办法，防止蚜虫和其他昆虫咬食传播病毒。又可繁殖出 50 倍以上的脱毒一代苗，供进一步示范生产和大面积推广，在以后的示范生产和大面积推广中，由于大面积不可能采取纱网隔离条件，也应采取相应的技术措施，减少病毒感染。

具体有效的办法有以下几种：①不在前作草莓地里连作草莓，以避免前作草莓田里带来病毒。②在草莓全生长期内定期喷洒农药，及时杀灭蚜虫和其他昆虫，避免咬食而传播病毒。③在草莓田间生长期内，注意观察及时去除病株或弱株，尤其在脱毒苗繁殖田里，更应严格去除病株或弱株，多繁殖出无病毒壮苗。④在草莓移植前，用农药进行土壤消毒工作，以杀灭土壤中的病毒和病菌。

只要采取以上技术措施，就可以有效地防止或减少病毒感染，延长脱毒苗的使用年限。一般脱毒草莓苗在大田生产条件下，会重新感染病毒，一般情况下的感染速度为每年 10% ~ 20%，因此广大果农在应用脱毒生产苗 2 ~ 3 年后应自觉淘汰。重新引进脱毒生产苗，才能一直保持较好的脱毒效果，从而确保较高的增产效益。

草莓露地栽培技术

41 草莓对栽培地有什么要求？怎样施肥？

草莓对土壤的适应性较强，要求不严，一般山坡地、平原地均可以种植，但以质地疏松、土壤肥沃、富含有机质、排水良好、保水力强的砂壤土或壤土为好。生产是，草莓园一般应选择地势高、地面平、排灌方便、通风透光的地方建园。土壤应为弱酸性和中性。对于过酸的土壤应加以改良，可以施用一些石灰后整地翻耕，中和土壤过酸。如选在山坡地建园，最好是做成梯田，以防止水土流失，以阳坡地为好。

草莓园不宜种植在前茬是番茄、马铃薯、茄子、辣椒、甜菜、豌豆等作物的地块上。因为这些作物与草莓有共同的病害。

草莓需要氮磷钾完全肥料，以堆肥、畜禽肥、饼肥和绿肥等有机肥为主，配合施用过磷酸钙、硫酸钾等化肥。土壤要深翻，深度 30~40 厘米，并彻底清除杂草。在深翻的同时结合施足底肥，适当中些磷、钾肥。一般每亩地施圈肥 5000 千克以上，过磷酸钙 40~50 千克，尿素 15 千克，硫酸钾 15 千克。如是沙地，应增加施用基肥，充分把肥捣碎，撒施均匀翻下，整平土壤。作畦时，畦面要整平，埂要直，为使土壤沉实平整，适当镇压，然后浇水，避免栽苗后下沉或被水冲倒，从而影响成活。

特别提示

草莓园地的选择是无公害草莓生产的基础。因此，要根据无公害草莓生产基地的环境质量标准，以及草莓生长发育对环境条件的要求，来选择适宜的草莓园地。

42 草莓栽培有几种整地做畦的方式?

草莓生产上主要采用平畦和高畦两种形式，此外有大垄栽培。北方主要采用平畦，地下水高的地方宜采用高畦。

平畦 我国北方冬季寒冷、气候干旱的地区，适宜采用平畦栽培，这样有利土壤保墒，便利冬季防寒。一役畦宽1米，长可根据情况而定，一般长10~15米，畦宽20~30厘米，埂高10厘米。平畦有利浇水、中耕除草等措施的进行，但浇水时果实易被水浸泡，影响果实的卫生和品质。

高畦 地势低洼，地下水位高，或多雨地区，宜采用高畦栽培。一般畦宽1.2~1.5米，畦高15~20厘米，畦间距25~30厘米。

大垄栽培 大垄栽培便于排水适合南方多雨的气候条件。在北方地区如有灌溉条件或保护地栽培也可以利用大垄栽培。垄宽50厘米，高25~30厘米，垄距120厘米。要求土壤要疏松、通气良好、透光条件好，有利于植株生长和果实着色，提高果实品质。这种形式更适合地膜覆盖，因可以垫果，使果不被泥土污染，同时还可减少病虫害的发生。

特别提示

采取平畦栽培,果实着色不均,灌水时易被泥土污染果实,引起果腐。在地下水位高、多雨地区,或有喷灌、软管喷孔管灌水设备的地区,适宜采取垄作或高畦栽培,这样便于通风透光,地膜覆盖栽培,果实成熟时着鲜艳,土壤病害少。但在寒冬季节畦面不便防寒,旱季消耗水分多。

43 露地草莓栽培怎样配置品种?

草莓自花授粉能结果,但果实小,产量低。如异花授粉,果个大,产量高,所以生产栽培中,除主栽品种外,还要配置授粉品种,以增加果重和改善品质。主栽品种和授粉品种不宜相距太远,以 25 米为宜。草莓生长周期短,上市集中,应配置早、中、晚熟品种栽植,这样可以分批采摘,缓减劳力紧张状况,又可以分批采摘,延长草莓供应期,获得更好的经济效益。

44 露地草莓什么时候栽植好?

生产田要在秋天栽植,有一段较长生长期,在低温短日照条件下能形成饱满的花芽,第二年春可获得可观的产量,所以在北方适宜有 8 月上中旬定植,此时雨水多,湿度大,易成活,缓苗快,多数苗已达到要求壮苗的标准。并且秧苗还未开始花芽分化,定植时期要断根,也能抑制地上部茎叶的营养生长,有利花芽分化,定植时要断根,也能抑制地上部茎叶的营养生长,有利花芽分化,定植后有充足的生长时间,植株生长健壮,既能形成饱满的花芽,又能增强植株越冬抗寒的能力。所以严格把握定植时期。

在沈阳及其以北地区在 8 月上中旬栽植,河北、山东在 8 月下旬栽植。在南方气候比较暖和,定植应稍晚些,江浙定植适宜时期为 10 月上中旬,一般在国庆节前后定植。定植时间应适当提早，因地温下降到15℃以下时发新根困难。

适当提早定植，利用秋季的气候，定植成活缓苗快，有利生长，体内养分积累多，保证花芽分化，这样可提高第二年的产量。如定植太晚，土温下降到15℃以下，气温低，虽然苗的成活率高，但不能达到发棵的目的。根据当地情况严格掌握定植时期。

45 **露地草莓栽植时要注意哪些环节? 怎样栽植?**（视频9）

秧苗的选择 无论是利用假植苗还是结过果的母株培育的子苗，其标准均是壮苗，苗无病虫害，具备5~6片正常的叶，叶色正常，呈鲜艳的绿色，叶柄粗短又不徒长，苗重30克以上，根茎粗1.0~1.5厘米，植株矮壮，侧芽少，根系多而粗白。

栽植方式 草莓栽植方式多样化，但主要在畦栽和垄栽。畦栽可分平畦和高畦两种，华北多采用平畦栽植。平畦定植，畦宽1米，埂高15厘米，每畦栽植4行。株距20厘米，行距为25厘米。

栽植密度 草莓的栽培密度主要根据栽培制度、栽植方式和品种特性、秧苗质量等因素决定的。一年一栽制，株行距宜小，栽植密度要大些。如是多年一栽制，株行距宜大，栽植密度要稀些。若在幼稚龄果树行间栽，株行距略大些，栽植密度较稀；单一栽培，栽植密度较大。品种株形开展，分枝力强的品种，株行距宜大，栽植密度稀些。相反，株行距则较小，密度较大。苗的质量好也可以稀点；质量差的每穴栽植2~3株。

46 **怎样提高草莓定植时的成活率?**

在栽苗前应把大小苗分开，起苗后应及时定植。栽植时不宜过深过浅，以短缩茎不外露，土面齐于颈部为宜。栽植时挖大一点。使根系舒展的放入定植穴内，然后填土使苗心的基部与地面平齐，用手将土压紧填实，不露根也不淤心。及时浇水，对露根和淤心的应及时调整，倒伏苗要扶正。

起苗　起苗前苗圃地要浇水。起出的秧苗，放置阴凉处，不让太阳暴晒，用湿土或其他东西稍加覆盖。随起随栽培。如果由于外地引进的种苗需注意降温和保湿，起苗时尽量少伤根系，起出的苗要摘去老叶片，用凉水把根系冲洗干净。然后50株1捆，不宜捆的太紧，装入浸湿的蒲包或草袋或带孔的纸箱，再装入编织袋装运。运到目的地时，立即晾开，浇凉水，尽快栽植。

带土移栽　在距苗圃地近的地块栽植时，可带土坨栽植，成活率高可达100%。定植前去除老叶，只留3片新叶，其余叶片剪掉，如带土栽植时不去叶片。阴天栽植，选择阴天或傍晚栽植。可以免受太阳暴晒，空气湿度大，叶片蒸腾量小，易成活，如雨水多，注意排水。及时浇水，定植后应及时浇水。浇透水，以后每天浇小水，4~5天后，隔2~3天浇1次水。不能大水漫灌，否则使畦面积水，以防植株被泡死。秋天栽要遮荫覆盖，定植后用苇帘或塑料纱等物进行遮荫，防太阳晒。

栽植深度　适宜的栽植深度是成活的关键技术之一。高垄栽植时要注意栽植的方向，草莓花序是新茎弓背方向伸出来的，是与切断和母株相连的匍匐茎的相反方向。垄栽时让花序向外，即苗的弓背向外。便于采收和垫果。平畦栽时，新茎弓背向里，以免花序伸向畦外。

药剂处理　定植前草莓根系用药剂处理，起催根作用。以低浓度为宜，一般用萘乙酸5毫克/升，胡敏酸10毫克/升，浸根2~6小时效果好。

47 露地草莓定植后怎样进行水分管理？

草莓是浅根系作物，为给草莓植株生长发育创造良好的土壤条件。使土壤潮湿、疏松、通透性能好。促进根系发育强壮。所以在草莓生长发育期间，浇水或雨后必须中耕松土。有利于土壤微生物的活动，促进土壤中有机质的分解。同时调节了土壤中的水分和提高地温。

浇水安排　草莓生长发育需要不断供给水分，以满足生长的需要。所以，必须经常保持土壤湿润。干旱时应及时浇水。在早春，去除覆盖物后，气温较低，3月下旬浇1次小水，不宜过多，不然降低地温，影响根系生长，对植株返青不利。在4月中旬，叶片发生，现花蕾前，浇第二次水。开花和浆果成熟期间需水量多，浇第三次水，视情况可以浇第四次水，要适量，提高产量和果实品质。采收后，为恢复植标生长势，促进新叶、匍匐茎的生长，可浇第五次水。6～9月雨水多，可根据具体情况适量浇水。不宜大，如土壤湿润可不浇水或少浇水。10月底可浇越冬水。

中耕除草　在草莓全生育期内，给终注意中耕除草的工作。从定植成活至越冬前，每次浇水或雨后中耕，注意不要伤根，保护地上叶片。在北方早春，由于气温较低，干旱小雨，撤去防寒物后，应及时中耕松土。这时应浅耕，一般深3～4厘米，有利提高地温和减少水分蒸发，中耕不要伤根，促进根生长，积累营养。在开花结果时不宜中耕。否则对花果生长不利。草莓株间杂草人的拔除。总之，一年中耕次数要根据各地具体情况而定。采果后根系生长旺盛。应进行中耕除草、结合施肥、培土等措施，促进生根，尤其防止多年一栽制的草莓根状茎上移，每次培土2～3厘米厚，不宜过深，否则埋心。为根系生长创造良好条件，对翌年产量尤为重要。

48　露地草莓定植后怎样合理施肥？

草莓全生育期要合理施肥，能使植株生长健壮，开花多，坐果多，果实品味好，产量高。草莓定植前要结合整地施入大量基肥和适量无机磷肥。

基肥　在施足基肥的基础上，对植株生长期间追适量速效肥。

在北方草莓定植成活后追施 1 次薄肥，促进植株根系生长。在江浙一带地方追施 2 次肥。即定植后追施 1 次肥，在 11 月中旬或 12 月上旬期间施肥，每次每亩施氮磷钾复合肥 5～8 千克。

加强田间管理，在越冬前使植株生长健壮，根系发达，根茎粗，植株体内养分积累多，花芽分化后，为第二年高产打下良好的基础。

追肥 解除防寒物后的草莓，未施足基肥的，要进行 3 次追肥，以速效肥为主。在春天萌芽以前施入第 1 次追肥，促进返青生长和花序的发育，一般每亩施复合肥 10～15 千克，或用尿素 7～10 千克。

第二次在花前施入，这次施肥主要满足植株加速生长和开花结果对肥料的需求。此次肥以磷、钾肥为主，兼施适量氮肥，也可施氮磷钾复合肥，每亩施 8～10 千克，或施磷酸钙、氯化钾、尿素等肥料。还可叶面喷肥，喷施 0.1%～0.2% 的磷酸二氢钾 2～3 次。这时追肥能提高坐果率，提高产量。

采果后施第 3 次肥料，补充土壤营养的亏损，使植株恢复生长势，植株进行第二次营养生长，促进花芽分化。

49 露地草莓定植后怎样调控环境温度?

因为草莓忍受低温是有限的，温度过低，超出忍受范围，植株就会冻死。我国北方冬季寒冷，干旱，多风，少雪，为使草莓安全越冬，保持绿茎叶，到第二年春天继续生长，进行光合用途，制造营养。对提早果实成熟和提高产量起重要作用。为此冬季必须对越冬的草莓进行覆盖。

覆盖物 覆盖物一般用稻草、麦秸、玉米秸、树叶和土等。还可以先覆盖一层地膜，再在地膜上盖稻草等物。在我国北方积雪多的地方冬季不用覆盖。

覆盖厚度 覆盖物的厚度可根据当地条件来决定。一般在华北地区可覆盖 3 ~ 5 厘米厚，东北及内蒙古地区可覆盖 8 ~ 15 厘米，新疆积雪多不加覆盖。为防止大风吹走覆盖物，还应设风障，风障间隔 7 ~ 10 米，在最北边的风障距草莓植株 40 厘米。

覆盖时间　覆盖时间不宜过早，否则高温引起植株腐烂。要看当地气温变化情况。在北京地区 11 月中旬覆盖。具体做法是随气温逐渐下降而加厚。植株安全越冬。

早春土壤开始解冻，分 2 次去除防寒物，平均气温在 0℃时，首先去部分防寒物，当气温升高时，估计不会再来寒流时，地上部开始萌芽之前，全部撤去防寒物。把草莓田间清理干净，集中烧毁，减少病虫害。

在早春防寒物撤出后，如有早霜，危害一级序果，花蕊受害变黑，不能正常授粉受精，果实不能发育。如轻度霜冻，会造成畸形果，影响产量和品质，应注意防霜。如遇 −3℃ 低温植株会受冻害。所以在常发生早霜的地区，应晚撤覆盖物。或在霜冻来临之前熏烟防止霜冻。注意天气预报。

50 露地草莓定植后怎样进行植株管理?

去除匍匐茎　一年一栽的草莓园主要是生产浆果，结完果后再更换新的茎苗进行生产。在早春至采收前把所有匍匐茎摘除，植株可节省养分，使养分供植株开花结果利用，增加果重和产量。如是多年一栽制，在采收前把匍匐茎全部摘除。采收后抽生的匍匐茎留一部分繁苗，其余部分全部去除。

疏花疏果　草莓花序有 1 ~ 3 个，每花序着生 3 ~ 60 朵花，先后开放。先开花的果个大，成熟早，后期的花往往不能形成果实或形成小果，无商品价值。因此要及时疏除这些晚形成的花蕾，使养分集中提供先开放的花蕾生长。促使长成大果，成熟早，品质好。疏蕾时间一般在花序上的花蕾彼此能分离时进行，疏花蕾的量要掌握在 1/4 或 1/5 为宜，也不能疏除过多，否则影响产量。

摘除侧芽和老叶　草莓全生育期新叶更新很快。对病叶黄叶要及时摘除。生长弱的侧芽也要摘除。减少植株消耗养分。使株行之间通风透光，提高光合作用，又能控制病虫害。在多年一栽的草莓生产园，第 1 年采收后，可将全园植株的老叶片全割掉，只保留刚出生的幼叶，这样，可促进匍匐茎的抽生，又能刺激多产生的新茎，增加花芽数，提高第二年产量。

垫果　草莓植株矮小。开花结果后随着果实不断膨大，重量增加，果实下垂与地面接触，容易粘泥土，为防止烂果和保持果实清洁，色泽艳丽，所以要垫果。其方法是在春天铺地膜，还可以在现蕾时铺稻草、麦秆等。采果后立即撤出垫果的材料，以利田间管理。

培土　在多年一栽的果园，采收后及时进行中耕、除草、施肥和培土。促进新茎生长。在先生的茎上叶片逐渐老化脱落，同时此处不断生出不定根，培土使不定根扎入土中，促根系的发育。培土厚度为 2～3 厘米，注意不要埋上心叶。

51　露地草莓采摘后怎样管理？

采收后正是营养体需要养分的关键时期，加强草莓采摘后的管理，才能达到苗壮果大、优质高产的目的。

摘除匍匐茎　在草莓果实采摘后，会产生大量的匍匐茎，匍匐茎的产生要消耗大量的每株营养，影响花芽分化，降低翌年的草莓产量和品质。因此，草莓采果后，必须及时摘除匍匐茎和枯叶，防止植株过密和光照不良。

中耕松土　采收结束后，土壤被多次踩踏板结及草荒，严重影响草莓的生长发育。因此，要及时进行中耕除草。中耕深度在 3～4 厘米，不宜过深，以防止损伤根系，中耕以疏松土壤清除杂草，结合消除病残枯叶，改善通风透光条件，促进植株健壮生长，防止病害发生。培土是在浆果采收后，秋季新根大量发生前进行。

将根部培土所露出苗心为宜的细土。促进新根的发生，提高抗寒抗旱能力。

施肥　采收后及时施肥能补充由于结果而造成的营养亏损，复壮生产势，草莓对肥料的要求比其他果树高、合理施肥能使植株生长发育健壮，花芽饱满，果个大，含糖量高，味香色艳。在基肥充足的情况下，追肥要根据植株生长情况控制氮肥的施用量，以免贪青徒长影响越冬，草莓采收后追复合肥，每亩22.5千克为宜，能促进植株的营养积累和花芽分化，追肥可结合浇水进行，越冬肥可于封冻前开沟施1次腐熟的人粪尿，以提高植株越冬能力。一般在草莓采收后要减少浇水次数和灌水量，以防止匍匐茎旺盛生长而消耗大量养分。

草莓地膜覆盖栽培

地膜覆盖栽培是草莓非常重要的一种栽培方式。地膜覆盖可使草莓植株安全越冬，为春季萌芽和旺盛生长奠定基础。同时可使果实采收期提前5~7天，减轻灰霉病的发生，提高产量和果实商品性。

52　草莓地膜覆盖栽培有什么优点？

覆盖地膜可以提高地温，白天可以提高2~4℃。地膜覆盖地温比较稳定，草莓能安全越冬。保青率达到100%。这是丰产的基本条件。在早春南方利用地膜覆盖栽培更有重要作用。促进早期生长发育。地膜覆盖后，地面反射光增加，有利于改善地面叶片的光照条件。由于地膜覆盖后增加地温，使植株生育期提前，萌芽期能提早7~8天，开花期提早11天，果实成熟提早10~17天，采收期可延长7天。地膜覆盖后，土壤中微生物活动旺盛，土壤里有机质分解矿化过程加快，提高速效养分含量，有利于草莓植株的吸收利用。植株生长良好。地膜覆盖后，土壤水分蒸发量大大减少，因此，节水抗旱，保持土壤湿度。

覆盖地膜有利于防止病虫害。有地膜覆盖，减少浇水次数，降低地面湿度，可减轻发病。草莓果实不被水泥污染，清洁，品质好。总之，利用地膜覆盖，能提早果实成熟期，丰产、品质好，减少虫害，减少中耕次数，是一种投资少、收益大的新技术。

53 地膜覆盖栽培怎样建草莓园? 整地施肥有什么要求?

草莓园地应选择地势较高，排灌方便，地面平坦的地块。以土层深厚，土质疏松，保水保肥力强的壤土或沙壤土为宜。草莓喜中性或微酸性土壤，较适宜的酸碱 pH 值为 5.5 ~ 7.5，偏碱性土壤也可种植。应避免与马铃薯、番茄、茄子等作物重茬。

每亩施优质圈肥 5000 千克以上，过磷酸钙 50 千克，复合肥 30 千克，或磷酸二铵 20 千克加硫酸钾 10 千克。将底肥撒均后耕翻 25 ~ 30 厘米，耕翻后每亩用 2 千克辛硫磷进行土壤地下害虫处理。

草莓整地作畦一定要精细，否则会严重影响秧苗栽植成活率和缓苗后的生长。耕翻后要求耙平磨实，细碎平整，上松下实，然后作畦作垄。常用的有平畦、高畦，北方用平畦较多，近几年高畦栽培面积增长速度较快。畦长可依据地块来定，一般畦长 20 ~ 50 米，不宜过长，避免排灌困难。平畦畦宽 130 ~ 150 厘米，畦埂高 15 厘米。高畦栽培，畦宽 85 ~ 100 厘米，畦面宽 45 ~ 50 厘米，畦沟宽 40 ~ 50 厘米，畦高 15 ~ 20 厘米。高畦栽培的优点是土壤通气性增加，草莓果挂在畦两侧，光照充足，着色好，不易烂果。高畦栽培有利于覆盖地膜，提高地膜覆盖的增温效果。采用高畦栽培时，要注意防旱、防冻。整地作畦后，应灌一次小水或适当镇压，使土壤沉实，以防栽后浇水苗木下陷，造成泥土淤苗或土表出现空洞、露根。

54 草莓地膜覆盖栽培定植有什么要求?

定植时草莓苗要达到壮苗标准，表现为植株矮壮，不带病虫，幼苗鲜重 25 克以上，短缩茎粗壮，直径 0.8 厘米以上，根系发达，新根 10 条以上，具有 4~5 片叶，叶大色绿，中心芽饱满。生产中，如果能采用用经组培脱毒的优质大苗，增产效果则十分理想，一般比非脱毒苗增产 15%~30%。

定植时间安排在 8 月底至 9 月初。定植密度为每亩栽苗 6000~8000 株。如果采取平畦栽培，行距为 30~35 厘米，株距 20~30 厘米；如果采取高畦栽培，每畦栽 2 行，行距 20~30 厘米，株距 20~35 厘米。

定植宜选择在阴天或下午 4~5 时以后进行，以避免阳光暴晒。栽苗时要使草莓秧苗弓背向外，将根顺置于穴内，并让根系充分伸展开，再添入细土压实，做到"深不埋心，浅不露根"。

55 草莓地膜覆盖栽培时怎样提高覆盖效果？

覆盖准备　草莓地膜覆盖栽培，要选择灌溉条件好的平整地块。秋季栽植前深翻土壤，清除杂草和虫卵，并施足有机基肥。最好 1 次施足。盖地膜后追肥水方便。清除杂草，尤其是宿根草要彻底拔除。为提高铺膜质量，平整土地要细，将土块充分打碎，做到畦面平直。畦以南北向宜，使畦两侧受光均匀，温度一致。

定植前浇足底水，如底水不足，覆盖后易产生干旱现象；如过多地增加浇水次数，也会降低地温。

选择地膜　北方寒冷地区以升温效果好的无色透明地膜，一般用 8~15 微米厚的地膜，越冬不需防寒地区，可选黑色地膜，有极好除草效果。

覆盖地膜　覆盖地膜的时间在第 1 年秋末或第 2 年春季，最好在秋季覆盖。一般北方土壤封冻前浇足 1 次冻水，待地面稍干后大约 4~5 天覆盖地面为宜。春季在萌芽前覆盖地膜，不宜过早或过晚覆盖。如过早，地膜内温度高，湿度大，容易出现沤根现象，叶片会变色腐烂。如过晚，植株绿叶保存率低，或植株有不同程度的冻害。要根据各地实际情况掌握覆盖地膜时间。如河北（保定）、山东（烟台），北京在 11 月中旬，东北（沈阳）在 10 月中下旬进行。春季覆盖应在土壤解冻后，除去防寒物后进行。南方气温较高的地区，可适当延迟覆盖时间。

覆盖地膜时，要拉紧铺平，使之紧贴畦面，四周用土压严，地膜宽度要比畦面、垄面宽 20 厘米左右，便于压土。畦、垄沟处不覆盖地膜，以便灌水、追肥。如地膜过长，可每隔一段距离横向压土，使膜不被大风吹起或撕破，在冬季寒冷地区，地膜上面可覆盖一层稻草秸秆等物，起保温保膜的作用。如是垄栽时，要将垄面做成弓型，便于与地膜接触。

56 草莓地膜覆盖栽培用什么颜色地膜效果好？

用黑色地膜覆盖的草莓苗生长发育较快，前期不徒长，后期不早衰，生长稳健，膜下行间不长杂草，很少有杂草对其营养生长构成威胁。覆盖无色透明地膜的草莓，后期植株早衰现象明显，且膜下苗行间杂草较多，后期地膜被草顶起。

试验表明，覆盖黑膜的草莓的展叶时间、开花时间、坐果时间和果实成熟时间都比覆盖无色透明膜的草莓提前 2~4 天，这是因为相对于无色透明膜，黑膜覆盖后地温提高更快，地温更高，使地上部发育更早，生长势更强。果实进入成熟期，覆盖黑膜的草莓幼茎生长量明显大于覆盖无色透明膜的草莓，而且覆盖黑膜的草莓幼茎长度明显比无色透明膜处理的长；果实完全成熟后，覆盖黑膜和无色透明膜的草莓的幼茎生长量无明显差别。用黑膜覆盖的草莓的老根长度、新根长度和主根数都大于无色透明膜覆盖的草莓，这是因为黑膜覆盖的草莓，膜下杂草少，而覆盖无色透明膜的草莓因为膜下杂草的影响，水分和营养物质的吸收都没黑膜好，导致植株根系不发达。在草莓生长初期，由于黑膜的保温作用，植株营养生长比无色透明膜处理的好，为后期植株的生长打下良好的基础。覆盖黑膜的草莓的纵径与覆盖无色透明膜的草莓相当，横径比覆盖无色透明膜的草莓明显增加。覆盖黑色地膜的草莓硬度高，单果重较无色透明膜处理提高14%，耐储藏；覆盖无色透明地膜的草莓糖度大，且与覆盖黑膜的差异显著，但不耐储藏。由于覆盖黑色地膜有保温、保湿、保肥、避强光、灭杂草及减少病虫害等效果，故能使草莓速生早熟，省工省肥，增加效益，收效显著。据试验，覆盖黑膜的草莓的产量为比覆盖无色透明膜的草莓高20%。

> **特别提示**
>
> 草莓覆盖黑色地膜，不仅有无色透明地膜的保温、保湿和保肥作用，而且还能遮蔽强光，故能抑制杂草生长，草莓的生长幼茎大于覆盖无色透明膜的草莓，结果幼茎差不多。覆盖黑色地膜的草莓生长后期，植株不早衰，果实个大，硬度高，耐储藏，且根系发达，利于葡匐茎的生长，但糖度低。

57　草莓田地膜覆膜后怎样管理？

春季土壤解冻后，先去除膜上的防寒物，一般在2月下旬去防寒物，北京3月上旬去除防寒物。去除膜上防寒物后，把地膜打扫干净，注意不能把膜搞破，使地膜直接接受太阳的辐射热，提高地温。破膜时间要在草莓新叶展开2片时进行。具体做法是正对植株处的地膜破一个孔，让植株露出来，植株基部的膜用土压实。继续起护根、保温、保湿作用。

当草莓出现花蕾后，要进行施肥灌水。方法地在膜上打孔，孔径2~3厘米，孔深5厘米，将肥料施入孔内。肥量为每亩地15千克尿素，配合施入少量磷、钾复合肥，每亩20千克。施肥后浇1次水。由于地膜覆盖施肥不方便，可以根外追肥，可进行叶面施肥。在初花和盛花期内分别喷 1 次 0.3% ~ 0.5% 的尿素加 0.2% 的磷酸二氢钾，在盛花期还可以加少量硼砂，促进授粉受精，提高坐果率。

土壤疏松的新草莓园，每年中耕 5 ~ 6 次即可，以做到园地清洁，不见杂草，排灌畅通，土壤疏松为准。中耕深度以不伤根，可除草松土为原则，一般 3 ~ 4 厘米。匍匐蔓是草莓的营养繁殖器官，但是以收获浆果为目的的生产园，应随时摘除匍匐蔓。发生匍匐蔓会消耗母株大量的养分，削弱母株的生长势，影响花芽分化，并降低产量和植株的越冬能力，应及时摘除匍匐蔓。

现蕾期尽早疏去高级次小花和植株丛下部抽生的弱花序，可节省养分，促进果实发育，促进成熟，采收期集中，还可以防止植株早衰。及时疏去畸形果、病虫果，可使果形整齐，商品果率增加。一般每株每批留果数以 12 ~ 15 个为宜，长势弱的适当少留。

草莓植株在一年中新老叶片更新频繁。植株下部叶片开始变黄枯萎时，应及时从叶柄基部去除，对于越冬老叶，常有病原寄生，待长出新叶后应摘除。以利通风透光，加速植株生长。发现病叶也应摘除。摘除的病叶老叶不要丢在草莓园里，应收集在一起烧毁或深埋，以减少病原菌的传播。

中(小)棚草莓栽培技术

中(小)棚栽培方法是指无人工加温全靠太阳光升温的栽培方式，属于半促成栽培。中(小)棚结构简单易行，可以就地取材，用竹竿搭成，或用钢筋结构做成弓形焊接而成的骨架，这样可以反复使用多年。中(小)棚栽培投资少，收益大，技术容易掌握。采收日期在促成栽培与露地栽培之间。对调节水果市场起到积极作用。

58 生产上栽培草莓用的中(小)拱棚有哪几种形式?

中(小)拱棚只是在规格水小上有区别，其结构无差异。小拱棚操作方便，保温性好，但要根据当地具体情况来建造。中(小)棚结构都可采用竹木或钢筋为架材。各地应根据具体情况，自行设计。

小拱棚　小拱棚高 0.5～0.6 米，棚宽 0.7～1 米。棚内做成 1 个高畦，定植 4 行，株行距为 15 厘米×25 厘米。宽型小拱棚。棚高 1 米，棚宽 2.3 米，棚内设 2 个高畦，畦高 15 厘米。每畦定植 4 行，株行距 15 厘米×25 厘米。

中拱棚　一种为简易钢管棚，多为厚壁钢管单拱成型。跨度多为 4~8 米，结构非常简单，顶部高度按棚宽而定。这种棚南方应用较多，近些年北方也扩大应用。还有一种改良式中棚，用圆钢、钢管、钢筋水泥混凝土，及竹木均可，跨度 3.5~4.5 米，顶部高 1.6~1.8 米，以东西延长约 30~50 米。这种棚在入秋后可在靠北边的棚架上堆筑一小土墙，或用玉米秸踩成 0.8 米高的后墙，稍培土后成一改良阳畦。

59 中（小）拱棚草莓栽培管理需要注意哪些问题？

品种的选择　目前生产上采用的品种比较多，但主要选择全明星、宝交早生、星都 1 号、星都 2 号等。中（小）拱棚栽培品种与露地栽培品种相同。棚内要求栽植 2 个以上品种，便于异花授粉，提高坐果率，提高产量和品质。

定植时间　因各地气候条件不同，定植时间也不一样。一般定植时间与露地栽植时间相同，即在草莓花芽分化之前定植。如利用假植苗栽植时，定植时间可稍晚些，在花芽分化后定植，注意带土坨移栽，否则伤根多，影响开花结果。

定植后一般每亩地施圈肥 5000~6000 千克，并施适量氮磷钾复合肥。然后按上述规格做畦，畦整平整细。定植成活后应加强水肥管理，追肥用浇化肥液的方法。每亩追尿素 7.5~10 千克，稀释成 500 倍水浇灌。及时摘除老叶、匍匐茎。越冬前灌冻水，保持土壤湿润。覆盖地膜时间与露地相同。

扣棚　扣棚时间有两种情况，早春和晚秋。北方在是晚秋为宜，这样可以延长花芽分化时间，增加花芽量，可增产。但要根据当地气候条件而定。当最低气温降到 5℃ 时，即开始扣棚。白天气温高时，注意通风，防止温度过高，烧伤秧苗叶片。河北保定、山东烟台 10 月下旬或 11 月上旬扣棚。江苏南部 1 水上旬盖地膜，2 月上旬扣小拱棚。4 月中旬采收。

扣棚后的温度管理极为重要，也是栽培成功的关键。扣棚后严格掌握棚内温度，如过高，会伤害叶片，所以白天温度最好在28℃以下，绝对不能超过30℃。在越冬前夜间温度低于5℃，则应加盖草帘等物保温。尽量使其花芽在适宜温度下继续分化。入冬以后，气温很低，白天也要覆盖，不能去覆盖物。到第2年春天，当最高气温达0℃以上时，在河北保定2月中下旬，北京3月初，这时白天去除覆盖物，夜晚再盖上。当气温升到28℃时，要及时通风，夜里气温在5℃以上时可去除覆盖物。夜温要稳定在8℃以上时即可撤棚。

植株萌芽后，将畦上的地膜，每株上方破一小孔，将苗扒出来，同时清除老叶、枯叶。从萌芽、现蕾、开花这段时间开始，保证植株对肥水的需要。此时，棚内温度还较低，根系吸肥能力差，所以不宜大肥大水，可在浇少量化肥液。及时除杂草，减少杂草与植株争肥。开花时期，可喷0.2%的硼砂或硼酸溶液，提高坐果率，保证果实生长发育。加强病虫害防治，以防为主，为防白粉病、灰霉病，一般喷药1~2次。

大棚草莓栽培技术

大棚分半促成和促成两种栽培方式。大棚种类多。其建造材料有竹木结构的，要求有立柱、假柱、拉杆、拱杆、薄膜、压杆、地锚、吊线相互固定连结而成；采用竹木、水泥混合结构的，主柱以水泥柱、毛竹为拱杆和拉杆组成的骨架；采用镀锌薄壁钢管组装式大棚结构，大棚骨架牢固，安全生产，具抗风雪的能力。

60 什么是促成栽培？什么是半促成栽培？

促成栽培是一种特早熟栽培，是采用促进草莓花芽分化，及时扣棚保温，防止草莓进入休眠，促进生长发育，使收获期尽量提前的栽培方式。一般可在元旦前后收获，采收期长达 5~6 个月。鉴于草莓的花芽分化需要在低温、短日照和植物体内碳/氮比 (C/N) 较高的营养条件下才能形成，故在田间管理上要通过施肥、灌水、断根、遮光和温度调控等措施，调剂植物体内的营养状况，促使草莓由营养生长转变为生殖生长，提早花芽分化。另外草莓在开花结果以及果实生长时期又需要在高温长日照条件下完成，因此促成栽培技术措施要求非常严格。大棚促成栽培应选用花芽分化早、休眠浅、耐寒、丰产、品质优良的品种。目前生产上主要有丰香、明宝、鬼怒甘、枥木少女、幸香、章姬等。

半促成栽培是较促成栽培草莓上市时间较晚的栽培形式，其栽培原理是让草莓在自然条件下进行花芽分化，并接受5℃以下的低温，使其自然休眠解除后再进行保温，并提供其生长发育需要的环境条件，提前开花结果收获上市。该种栽培形式由于对休眠的因素要求不严格，无论草莓发生休眠的程度如何，都可通过自然条件下的低温积累而打破休眠，只不过是根据品种打破休眠所需要的时间不同而保温时间不同而已。

> **特别提示**
>
> 生产中，一般多采用暖地型品种进行促成栽培或半促成栽培，即使因保温不利或处理不当造成休眠也很容易被打破，使栽培易于成功。半促成栽培所选用的品种范围宽一些，既可用暖地型品种，也可用中间型品种，用暖地型品种开始保温时间早一些，而用中间型品种则开始保温时间晚一些。

61 大棚有哪些类型？各有什么特点？（视频10）

大棚是用塑料薄膜覆盖的一种大型拱棚。它和日光温室相比，具有结构简单、建造和拆装方便、一次性投资较少等优点；与中小棚相比，又具有坚固耐用、便用寿命长、棚体空间大、作业方便及有利作物生长、便于环境调控等优点。我国大棚类型较多，其分类形式有以下3种。

一种是按照棚顶形式分类，可分为拱圆型棚和屋脊型棚两种。拱圆型大棚对建造材料要求较低，具有较强的抗风和承载能力，目前运用较普遍。

另一种是按照连接方式分类，可分为单栋大棚和连栋大棚两种。单栋大棚是以竹木、钢材、混凝土构件及薄壁钢管等材料等构成，棚向以南北延长者居多，其特点是采光性好，但保温性较差；连栋大棚是用两栋或两栋以上单栋大棚连接而成，优点是棚体大，保温性能好，便于机械化作业。

还有一种是按照骨架类型分类，可以分为竹木结构大棚、钢筋焊接结构、钢筋混凝土、装配式镀锌钢管结构大棚等。

特别提示

大棚的骨架是立柱、拱杆、拉杆、压杆等部件组成，俗称"三杆一柱"。这是大棚最基本的骨架构成，其他的形式都是由此演化而来。

---

62 什么是简易竹木结构单栋大棚？有什么特点？
（视频11）

毛竹加上薄膜和保温用草苫等覆盖，两端各设供出入的大门，顶部可设出气天窗。一般大棚跨度为5～12米，顶高2.4～3.2米，长50～100米，拱杆直径3～8厘米，拱杆间距0.8～1.1米，每杆由6根立柱支撑，立柱为木杆或水泥预制柱。这种大棚立柱较多，不利于采光和操作，因此可采用"悬梁吊柱"形式，即用固定在拉杆上的小悬柱（高度约30厘米）代替。这种大棚的特点是取材方便，建造容易，造价低，主要分布于小城镇及农村，用于春、秋、冬长季节栽培。其不足是作业不方便，使用寿命短，抗风、雪载性能差。

63 什么是镀锌钢管加毛竹片混合结构大棚？有什么特点？

钢竹混合结构大棚以毛竹为主，钢材为辅。将毛竹经特殊的蒸煮烘烤、脱水、防腐、防蛀等一系列工艺精制处理后，使之坚韧度等性能达到与钢质相当的程度，作为大棚框架主体架构材料；对大棚内部的接合点、弯曲处则采用全钢片和钢钉联接铆合，由此将钢材的牢固、坚韧与竹质的柔韧、价廉等优点互补结合。每隔 3 米左右设一平面钢筋拱架，用钢筋或钢管作为纵向拉杆，每隔约 2 米一道，将拱架连接在一起。在纵向拉杆上每隔 1.0~1.2 米焊一短的立柱，在短立柱顶上架设竹拱杆，与钢拱架相间排列。此种大棚设计可靠，抗风载、抗雪载、采光率及保温等性能均可与全钢架、塑钢架大棚相媲美，具有承重力强、牢固和使用寿命 8~10 年的优点，是一种较为实用的结构。

64　什么是装配式镀锌薄壁钢管结构大棚？有什么特点？

装配式镀锌薄壁钢管大棚的规格为：跨度一般为 6~8 米，高度 2.5~3 米，长 30~50 米，通风口高度 1.2~1.5 米。用管壁厚 1.2~1.5 米的薄壁钢管制成拱杆、立杆、拉杆，钢管间距 0.6~1 米，内外热浸镀锌以延长使用寿命。用卡具、套管连接棚杆组装成棚体，覆盖薄膜用卡膜槽固定。这样大棚在抗风、雪的前提下，增加棚内的通风透光量，并且考虑了土地利用率的提高与各种作物栽培的适宜环境。骨架采用内外壁热浸镀锌钢管制造，抗腐蚀能力强，使用寿命 10~15 年，抗风荷载 31~35 千克/平方米，抗雪荷载 20~24 千克/平方米。代表性的 GP-Y8-1 型大棚，其跨度 8 米，高度 3 米，长度 42 米，面积 336 平方米；拱架以 1.25 毫米薄壁镀锌钢管制成，纵向拉杆也采用薄壁镀锌钢管，用卡具与拱架连接；薄膜采用卡槽及蛇形钢丝弹簧固定，还可外加压膜线，作辅助固定薄膜之用。

65　什么是装配式涂塑钢管大棚？有什么特点？

针对镀锌钢管装配式大棚的造价昂贵，钢筋焊接结构、钢筋混凝土结构及无碱玻纤钢筋混凝土结构等在运输、安装及日常维护、使用等方面的缺陷，采用化学性质稳定，耐田间水气及农药、化肥等化学品腐蚀的优质塑料涂层，设计了装配式涂塑钢管大棚。涂塑棚的结构尺寸为：跨度 6 米，8 米，10 米；脊高分别为 2.8 米，3.0 米；肩高 1.2 米；管径分别为 32 米和 36 米，涂塑层厚 2 毫米；抗风压 31 千克/平方米，抗雪载 20～24 千克/平方米。与装配式热镀锌钢管骨架相比，具有联接牢固、通风良好、操作空间适宜、强度相当、价格低廉和耐腐蚀的特点，可替代竹木结构进行瓜果、蔬菜生产。

> **特别提示**
>
> 钢管大棚坚固耐用，中间无柱或只有少量支柱，空间大，便于作物生长和人工作业，但一次性投资较大。

66 什么是连栋大棚？有什么特点？（视频 12）

为解决农业生产中的淡、旺季，克服自然条件带来的不利影响，提高效益，发展特色农产品，钢管连栋大棚的应用是主要措施之一。目前随着规模化、产业化经营的发展，有些地区，特别是南方一些地区，原有的单栋大棚向连栋大棚发展。就结构和外形尺寸来说，钢管连栋大棚把几个单体棚和天沟连在一起，然后整体架高。下表（表 1）为目前市场上常用的连栋大棚。主体一般采用热浸镀锌型钢做主体承重力结构，能抵抗 8～10 级大风，屋面用钢管组合桁架或独立钢管件连栋大棚质量轻、结构构件遮光率小、土地利用率达 90％以上，适合种植经济效益好的高档瓜果蔬菜和花卉。

表1　常用连栋大棚　　　　　　　　　（米）

型号	跨度	间距	肩高	棚高	长度	特　点
GLP-622	6	3	2.2	2.2	<30	造价低，适宜大面积投入使用。
GLW-6	6	3	2.5	4	30	框架由镀锌矩型管和圆管组成。
GLP-832	8	3	2.4	4.2	<36	骨架钢管用热浸镀锌工艺，中间立柱为60×80×2.5方管
GSW7430	7	4	3	5	28	框架立柱采用热镀锌矩形钢管，结构强度高。
GP-625	6	0.65	1.2	2.5	30	直径22×1.2毫米热镀锌管组成，单拱大棚有三道纵梁，二道纵卡槽，结构强度高。
联合6型	6	0.6	1.6	2.5	30	零件采用进口镀锌板冲压加工，零件经包塑和喷塑处理。

特别提示

　　就结构和外形尺寸来说，钢管连栋大棚把几个单体棚连在一起，然后整体架高。主体一般采用热浸镀锌型钢做主体承重力结构，能抵抗8~10级大风，屋面用钢管组合桁架或独立钢管件。

67　建造大棚要注意些什么？（视频13）

　　建造大棚要选避风向阳、光照充足、地势高燥、土质肥沃、水源方便的地方。避开公路边、高压线、石油地下管道等。建棚用地要求南北长62米，东西宽17.5米。每栋大棚长度为50~60

米。过长易造成棚膜不易拉紧、通风困难，管理运输也不方便。

大棚多为南北向延长，因为南北向延长大棚的光照分布更为均匀，草莓长势均匀，便于管理。两种大棚产量无明显差异，若受地形限制也可建成东西向延长。

建造棚群时，南北向延长大棚的棚间距要大于 2 米，东西向延长大棚的前后排间距要保持 4 米以上。前后排棚体最好错开布置，防止形成风口。

跨度大小涉及到一系列问题，过宽影响通风，不易降温，一般宽度为高度的 2 ~ 4 倍。无柱钢架大棚的跨度为 8 ~ 12 米；竹木结构大棚为 12 ~ 14 米。最好不要超过 15 米。竹木结构大棚高为 2.2 ~ 2.7 米，肩高为 1 米左右；钢架大棚高为 2.5 ~ 3 米，肩高为 1.2 米左右。

68　怎样选择塑料薄膜？棚膜怎样覆盖？

塑料薄膜一般选用聚氯乙稀（PVC）无滴膜或聚乙烯（PE）长寿无滴膜，前者幅宽多为 3 米、4 米，后者幅宽 7 ~ 9 米。棚膜的覆盖方式主要有内、外覆盖两种，即所谓的"里三层外三层"。外面的三层从里到外分别是：塑料薄膜（其中聚氯乙烯薄膜透光保温效果最好）、牛皮纸被（一层牛皮纸被可提高室温 4 ~ 7℃）和草苫（可提高室温 4 ~ 6℃）。除草苫、纸被外，东北、内蒙古等一些冬季极严寒的地区，还采用棉被、毛毯等当覆盖物，可使室内气温提高 7 ~ 10℃。室内的三层由里到外分别是：地膜覆盖、冷时加一层小拱棚，更冷时再加一层拱棚。薄膜一定要绷紧严密，以防漏风和薄膜上下浮动，影响保温性能。另外，室内还可用保温幕，其材料有不织布、反光幕等。

69　草莓大棚促成栽培苗圃期怎样管理？

繁殖园应选择土壤肥沃疏松、地势较高、排灌条件好和背风向阳的地块。要求土壤不干燥、不板结、不积水、不重茬、无病虫害的沙壤土。按1：4的比例留足苗床。前茬作物为草莓或蔬菜的应进行土壤化学消毒或太阳能消毒。

生产上最好选用组织培养的无病毒苗。脱毒苗生长势强，抗病力强，草莓能充分表现出其品种特性，品质好、产量高，一般比非脱毒苗增产15%～30%。同时注意选优劣汰，前一年预留选择健壮无病植株做第二年早春繁育种苗或在采果田后期疏除病苗弱苗，选留优良结果株。及时淘汰生产上混杂退化的苗。

母株栽植的株行距，应根据品种特性、栽植时期、栽培条件而定。发生匍匐蔓能力强的品种，可采用较大的株行距；母株栽植早，肥水条件比较好，栽培管理精细，发生匍匐蔓多，也应采用较大的株行距。明宝、丰香等品种，每母株需营养面积1～1.2平方米，而枥木少女、幸香、章姬等品种，每母株需营养面积0.5平方米即可。一般每亩栽植优良母株800～1200株。1.5米宽畦中间定植一条，株距40～60厘米左右。离沟边50厘米各栽一条，株距50～80厘米。

一般于2月下旬至4月初栽植母株，延长繁殖期。栽植时要去掉母株的老叶、残叶。要求深不埋心、浅不露根。栽植深度使心叶基部、根颈顶部与土面相平，栽时按实；栽后及时浇水保湿促活棵，在正常成活后于4月中下旬揭除地膜。

特别提示

按1：4的比例留足苗床。生产上最好选用组织培养的无病毒苗。脱毒苗生长势强，宜选用，及时淘汰生产上混杂退化的苗。于2月下旬至4月初栽植母株，延长繁殖期。栽植时要去掉母株的老叶、残叶。要求深不埋心、浅不露根。

70 草莓大棚半促成栽培苗圃期怎样管理?

栽后要及时松土浇水,为幼苗扎根创造疏松湿润的土壤条件。切忌高氮大水,以防苗徒长、花芽分化受阻和病害发生。在施足基肥的情况下,一般不需追肥。若植株长势较弱,可结合松土浇水。天旱时5~7天浇一次水或小水轻灌,不可大水漫灌。要结合除草经常浅中耕,梅雨天或大水时要及时排水降渍。底肥不足的,可在匍匐蔓发生期,补施追肥2~3次,每亩每次不超过10~15千克三元复合肥,或结合松土用稀薄酵素菌腐熟粪水轻浇。

春季栽植的母株,应注意及时疏除母株上出现的花蕾,减少营养消耗,促发匍匐蔓和形成健壮子株。植于棚内的母株,应控制棚内温度等条件,经常整理和固定匍匐蔓,当匍匐蔓相互交叉而垂到地面时,可将其引向空处。在匍匐蔓的叶丛处用土压茎,或用草秆、弓形铁丝等给予固定,使子株间距保持10~15厘米,在够苗后,去除母株苗和后发匍匐蔓小苗,从而达到株丛间通风透光,保证每一子株有足够的营养面积。

用0.3~0.5克赤霉素原粉,用少许酒精溶解,加水10千克,每株稀释液5~10毫升。叶面喷施。在栽苗前结合碎垡,每亩平方米用48%氟乐灵乳油150~200毫升土面均匀喷雾,干旱时施药后要及时松土,可防治禾本科等一年生杂草萌芽出土。生长期间单子叶杂草2~3叶期,用盖草能、禾草克等防治。并整理茎蔓,使其分布均匀,土块压茎,促使生根。

经常摘除衰老叶片和病叶,保持母株5~6张绿叶和匍匐蔓子苗4~5张绿叶,促进子苗加快生长。生长前期和生长后期如发生地下害虫,可用乐斯本1500倍或90%晶体敌百虫800倍液泼浇,也可用90%晶体敌百虫或辛硫磷乳剂150~200克喷拌炒香饼肥10千克傍晚撒施田间,毒饵诱杀。叶面害虫选用农地乐、苦内酯、阿维虫清、抑太保、卡死克等高效低毒农药,病害用多氧清、甲基托布津、百菌消、世高等各选一种适当浓度防治。

71 草莓大棚促成栽培怎样获得匍匐蔓苗?（视频14）

移植断根育苗，首先注意及早采苗假植，一般在6月下旬至7月下旬。采苗即采子株，匍匐蔓苗。于育苗繁殖圃内采集品种纯正、生长健壮的秧苗，保留3片叶，剪留近母株端的匍匐蔓3厘米左右，摘除老叶、病叶及其他匍匐蔓。将大小苗分开，放入盛有水的塑料小盆内，只浸根，准备假植。选择无病地建假植畦，假植畦一般高20~25厘米，宽约80厘米；每畦5行，株行距离10~15厘米×l5厘米。假植时，大苗露出所留的匍匐蔓段，小苗则将匍匐蔓段插入土中，并分别假植。假植完毕，苗床上覆盖寒冷纱，在其上喷水；以后应注意经常于傍晚喷水，保持湿度。经l0天左右缓苗之后，可揭去寒冷纱，注意防地下害虫，假植苗应在花芽分化开始前的诱导期间移植断根。

移植断根时期，一般在预定形成花芽前20天进行。可在8月中下旬进行，选大中苗(4~5张绿叶、根颈粗0.6~1.0厘米)假植育苗；用小铁铲在假植苗圃切土断根，切成正方形或圆柱形，边长或直径为7厘米左右。假植苗带土一起移植，被移植的苗要填土盖平。在移植断根的前一天傍晚，浇透水，以利带动土移植，出现暂时萎蔫，为正常现象。

移植断根次数依植株花芽分化状况及长势而定，一般1~2次；移植断根时期要适当早，营养生长旺盛，花芽数多；花芽分化期移植断根，花芽分化数少，且不利于花芽发育。

72 草莓大棚促成栽培怎样定植?

一般在8月上中旬整地。连作或病虫害严重的园地定植前要进行土壤日光消毒和土壤净化处理，7~8月份晴天高温下密闭大棚20~30天，地温保持40~45℃。草莓设施栽培产量高，自身苗营养消耗大，需增施有机肥。定植前每亩腐热有机肥 2000 千克以上，饼肥 100 千克左右，加入过磷酸钙 30~40 千克和氮磷钾复合肥 30 千克。连作田增施活性菌根和微生物肥。撒施后做高畦。高畦南北走向，底宽 55~60 厘米，上宽 45~50 厘米，畦间间隔 25 厘米，畦高 30 厘米以上。

促成栽培必须用经断根移植处理的优质壮苗，定植时间可在 9 月上中旬。根据品种生长势确定密度。每畦定植 2 行，大小行距分别为 60 厘米和 25 厘米，株距 15~20 厘米，每亩定植 6000~7000 株，迟栽或弱苗需 9000~10 000 株。幼苗定植前要摘除老叶、病叶及匍匐蔓。定植时要求弓背朝向畦外（垄沟方向）。定植深度适宜，深不埋心，浅不露根。

定植后灌足水，2~3 天再灌一次小水。缓苗后就进入花芽分化期，此期应加强肥水管理，控水控氮，防止苗徒长，可追施氮磷钾复合肥 10~15 千克，促进花芽分化。

73 草莓大棚促成栽培怎样调控温度？

大棚促成栽培，应在顶芽开始分化后 30 天，当外界夜间气温降到 8℃ 左右时，开始保温。10 月下旬至 11 月上旬为保温适期。保温过早，室内温度高，不利于腋花、芽分化；过迟，植株休眠，全造成植株矮化，不能正常结果。覆膜保温可采用 3 层透明农膜，即除黑地膜外，有小拱棚和中棚、大棚。也可以不用内层膜外覆草帘。棚北侧可用玉米秸等设置风障。棚外层应采用无滴长寿薄膜。

为防止草莓进入休眠，保温初期温度相对高些。一般白天控制在 28~30℃，最高不超过 35℃，夜间温度 12~15℃，最低不低于 8℃。此期室内湿度控制在 85%~90%。开花期对温湿度要求比较严格。一般白天在 22~25℃，最高不超过 28℃，温度过高过低都不利于授粉受精进行。夜温 10℃ 左右为宜，最低不能低于

8℃。夜温超过13℃，腋花芽退化，雌雄蕊发育受阻。室内湿度控制在40%左右为宜，湿度过大过小都会造成授粉不良。受温度影响较大，温度过高，果实发育快，成熟早，但果实变小，商品价值降低。比较适合的温度是白天控制在20～25℃，夜间5℃以上。湿度可控制在60%～70%。

74 草莓大棚促成栽培怎样科学浇水施肥？

草莓保温以后，正是花芽发育期，随后很快现蕾、开花、结果。顶花序采收后，腋花序又抽生并开花结果，植株负担重，如不及时施肥，容易出现早衰矮化。追肥至少进行4～5次，以氮磷钾复合肥最好，每次每亩10～15千克，并结合澳洲液肥2∶1∶100倍、奥普尔800倍追施或者绿风95 600倍叶面喷施。

棚室内湿度很大，易给人一种不缺水的假象。一般在保温前和盖地膜前各浇浅水1次，以后结合追肥浇水。大棚草莓尤其适宜采用滴灌。果实发育要特别注意保持土壤湿润。垄沟浸灌时一定要防止水浸果实。

75 草莓大棚促成栽培怎样进行植株管理？

促成栽培开始保温后，在2片叶未展时（一般10月中旬）进行第一次赤霉素处理，以促成花柄伸长，有利于授粉受精。赤霉素浓度5～8毫克/千克，每株3～5毫升，喷洒在苗心上。赤霉素处理，休眠较浅的品种比休眠较深的品种，冷地比暖地，用量少，次数少。

为防止大棚草莓徒长，最根本的措施是避免保温过晚。若生长过旺，可适当降温和降低土壤温度、控制氮肥进行。随着植株生长，产生许多侧芽，要及早掰掉。一般除主芽外，再保留2～3个侧芽。病虫叶、老叶和匍匐蔓要随时摘掉。在前期果实采收之后，应进行及时摘除果柄及老叶等，以提高后期果实产量和品质。

设施内高湿环境不利于花粉传播和授粉受精，会产生畸形果。因此必须要低空气湿度，在适宜温度范围内提高气温和通风除湿都能降低相对湿度；配置授粉品种，2~3 个品种互相授粉，有利于减少畸形果，增大果个；蜜蜂授粉，并结合人工授粉，常用的方法是用软毛笔在开放的花中心轻轻涂抹，或在开花盛期，用细毛掸在花序上面轻拂。

草莓低级次花易出现雄性不育，高级次花易出现雌性不育，但前者只要有良好花粉授粉即可正常生长，后者却不能坐果或坐果不良。疏除易出现雌性不育的高级次花，可明显降低草莓畸形果率，并且有利于集中养分，提高单果重和果实品质。疏果时应疏除病果、过早变白的小果以及畸形果。最终第一花序保留 12 个果左右，第二花序保留 7 个果左右。

果实成熟采收时，用拇指和食指指甲切断果柄，采下的果突果柄越短越好，以免将别的果突扎破。同时剔除病虫烂果，大小果分级，用透明小塑料盒或纸盒包装，再以纸箱为外包装送行运输、销售。

76 大棚半促成草莓在定植前要做哪些准备？（视频 15）

培育壮苗　要建立专用育苗田，选择优良母株，繁育匍匐蔓苗，并于移栽前 30~60 天进行假植育苗，及时摘除老叶、病叶，使子株苗根茎粗达 1~1.5 厘米，单株重 20~30 克，每株保持 5 片展开叶的中等健壮苗，并通过适当控制氮肥用量和水分供给等措施，促进花芽分化，确保移栽后早开花结果、早上市。

大棚准备　大棚的结构以钢架为好，大棚跨度 6 米，长度 30~40 米，高度 2.5 米以上，并采取四膜一网覆盖，即大棚膜、二道膜（保温层）、小棚膜、地膜和遮阳网。灌溉方式以膜下滴灌为好，滴灌有利于降湿增效，减轻或抑制病害的发生。只有在这样的设施和多层覆盖的条件下，才能使产品早上市和获得较高的经济效益。

施入基肥　大棚草莓在田时间和采摘期都比较长，需要的养分也比较多，移栽前每亩必须施优质、腐熟猪粪 3000～4000 千克，饼肥 150 千克，氮磷钾复合肥 50 千克；移栽后还应根据苗情适量追肥 2～3 次，以确保后期生长、结果对养分的需求。

适期早栽　大棚草莓的移栽期一般应掌握在花芽分化的初期，移栽适期一般在 9 月上中旬。移栽时采取高垄（连沟 1 米宽）双行栽植，行距 30 厘米，株距 15～20 厘米，亩栽 6000～8000 株；并要坚持干栽，切忌烂泥耕烂泥栽，做到子株苗带土团移栽，深度以表土不埋心叶为准，确保栽后缓苗快、发棵早。

> **特别提示**
>
> 　　利用大棚，进行草莓半促成栽培，上市期比露地栽培提早 5～6 个月，经济效益十分显著。利用大棚种植草莓，应选择抗病能力强、耐低温性好、上市早、果面鲜红有光泽的高产优质品种。大棚草莓的种植品种主要有丰香、明宝、鬼怒甘等，这些品种均来自于日本。

77　大棚半促成草莓在定植后要做哪些准备？

光温管理　移栽时，由于光照强，棚内温度高，为防止高温烧叶，应盖好遮阳网降温。开始盖棚 10 天左右，白天棚温可维持在 30～35℃，以促进新叶发生，防止矮化；现蕾后逐步降至 25～28℃；植株进入开花期后，棚温应控制在 23～27℃，以克服在高温下花粉发芽率低的现象；果实膨大期白天棚温 18～20℃，夜间 5～8℃，这样有利于果实膨大和着色。由于大棚草莓采取的是多层覆盖，膜面的灰尘和水滴阻隔阳光照射，为了增加棚内温度和提高草莓叶片的光合作用，进入冬季时，应根据天气状况，适时揭盖棚膜，晴天一般于上午 8 时揭膜，下午 16 时前盖膜，阴雨天一般不揭膜。

水肥管理 移栽时，应及时浇足定根水，遇高温强光时，叶面应喷水，以防叶片萎蔫干枯；草莓移栽至现蕾，应保持土壤湿润，以免影响植株的生长发育。进入开花结果期应保持较低湿度，以利于开花授粉和防止病害发生。移栽后到采摘期间，应看苗追肥 2～3 次，一般每次亩用复合肥 10 千克、尿素 2 千克对水 1200～1500 千克浇施。

放养蜜蜂 在大棚草莓栽培中，采取放养蜜蜂来辅助授粉是一项重要的花、果管理措施，可以明显减少畸形果，提高结果率 20％以上，一般每 40 米长的大棚内放置 1 只蜂箱。

早防病虫害 草莓的病虫害防治，应立足于 1 个早字，即育苗至开花这段时期防治，结果后应尽量不用药，以免造成果实农药污染和残留。草莓的病害主要有灰霉病、白粉病、炭疽病和病毒病等，可选用速克灵、粉锈宁、百菌清、病毒 A 等药剂进行防治；虫害主要有红蜘蛛、蛴螬、蚜虫等，可选用阿福灵或克螨特、辛硫磷、吡虫啉等药剂防治。

日光温室草莓栽培技术

日光温室是利用日光保持室内温度，以满足草莓生长发育的要求。在建造时应考虑采光性和保温性能，设计规格和规模要适当。要求有足够的强度，以抵抗大风、降雪等。建造材料尽量就地取材，注意实效，以降低成本，增加产值。目前生产上利用的日光温室主要是节能型日光温室。

78 普通型日光温室有什么特点？（视频16）

日光温室最常见的有半拱圆形无后坡和坡面半拱圆形两种类型。这类日光温室的结构特点是坐北朝南，东西山墙及北墙用砖或土砌成。脊高1.8~2.4米，内跨5~9米，每栋前后间距7~8米。

坡面半拱圆形日光温室一般采用竹木结构或钢架结构，前坡以塑料薄膜和草苫覆盖；后坡为土木结构。在东西方向上按3米设一立柱，横纵向柱子都在一条线上，立柱埋深0.4米，立柱高2.4~2.6米，粗25厘米左右，立柱上有两根檩，檩长3米，椽子长1.3米左右，上铺玉米秸、稻草等隔热保温物，再上铺抹草泥抹平。在日光温室南端挖一条深、宽各0.4米的沟，用于埋设拱杆前端。在沟南再挖一条防寒沟。

79 节能型日光温室有什么特点?

　　节能型日光温室具有充分利用太阳光热资源、节约燃煤、减少环境污染等特色。在北纬34°～43°地区，冬天不加温，仅依靠太阳光热，加火强化保温，或少加温的情况下，就可以在冬季生产喜温性蔬菜。典型的有以下几种，目前变化也较多。

　　辽沈Ⅰ型日光温室　这种日光温室跨度7.5～8米，脊高3.5米，后屋面仰角30.5°，后墙高度2.5米，墙体内外侧为37厘米砖墙，另外选用了一些新的轻质材料，使墙体变薄，操作省力，如用9～12厘米厚聚苯板代替干土、炉渣做墙体的中间夹层，用轻质的保温被代替草苫作为夜间外覆盖保温材料，后屋面也采用聚苯板等复合材料保温，拱架采用镀锌钢管，配套有卷帘机、卷膜器、地下热交换等设备。

　　改进冀Ⅱ型节能日光温室　这种日光温室跨度8米，脊高3.65米，后坡水平投影长度1.5米；后墙为37厘米厚砖墙，内填12厘米厚珍珠岩；骨架为钢筋析架结构。这种日光温室结构性能优良，在严寒季节最低温度时刻，室内外温差可达25℃以上。

　　廊坊40型节能日光温室　这种日光温室跨度7～8米，脊高3.3米，半地下式0.3～0.5米；前屋面的上部为琴弦微拱形，前底角区为1/4拱圆形，采用水泥多立柱、竹竿竹片相间复合拱架结构，或钢架双弦、单中柱结构；前坡以塑料薄膜和草苫覆盖；后屋面仰角50°，水平投影0.8米；后坡为秸秆草泥轻质保温材料；后墙体为土筑结构，后墙高度为2.2米，底宽为4米，顶宽为1.5米；前底角外部设防寒沟，以加强防寒保温效果；后墙上设通气孔，利于炎热季节通风降温。

80 建造日光温室选择什么样的地块好？应在什么时候建造？（视频 17）

建造日光温室的地址应选在高燥向阳，地势开阔、平坦，土质肥沃，水源充足，交通方便，有电源的地方，以便管理和产品运输。温室东西向长度应达到 50～60 米，长度过小，东西两山墙在上下午时段会遮光；长度过大，进出搬运不方便。日光温室内的土壤最好为沙质壤土，地温高，有利于黄瓜根系的生长。日光温室应在避风处建造，以减少热量损失和风对日光温室的破坏；也不能在低洼的地块或公路附近建造日光温室，以防内涝和灰尘积存膜面影响透光性能。

日光温室建造的时间应选择在雨季过后，上冻之前。在时间安排上，还要留出日光温室的干燥时间，在日光温室投入使用时前墙体应干透，否则会因为墙体没有干透，一方面扣膜后湿度大，升温慢，作物易感病，日光温室性能降低；另一方面，上冻后墙体会膨胀，缩短日光温室使用寿命。

81 怎样确定日光温室建造的方位布局？

日光温室的方位一般为坐北朝南，透光屋面方位正南，以利充分采光。高纬度（北纬 40°以北）和晨雾大、气温低的地区，最佳方位是略偏西 5°～7°；在这些地区覆盖物不能早揭去，而下午气温较高，光照较早晨好，可以适当晚盖覆盖物。而在北纬 40°以南地区，最佳方位应是偏东 5°～7°，可争取上午多见光。

多栋日光温室建成日光温室群时，适宜的日光温室间距是不小于冬至前后正午时前排阴影的距离。简易的计算方法是：应不小于前排日光温室脊高加卷起草苫高度的 2～2.5 倍，这样才不造连成前排对后排的遮荫，一般为 6～10 米。在风大的地方要错开排列，避免道路成风口。

82 日光温室的室内面积以多大为宜?

为了便于管理,每栋日光温室不要建得过大,长度(两山墙内侧净距离)一般为 50 ~ 60 米,一栋日光温室的面积以 333 ~ 420 平方米为宜。如果面积过小,东西长度则相应较短,不但上下午时段东西两山墙遮光严重,而且由于室内空间小,不利于贮藏热量,保温性能差。而面积过大,东西长度则相应较长,会给日常操作搬运带来不便。另外,为了日光温室的保温和管理方便,可门口设厚门帘,最好再设缓冲间,在日光温室有门的一侧建一个作业间,大小一般为 4 米 × 4 米,以防止冷风直接吹入日光温室内。无缓冲间的日光温室,应在室内门口处设薄膜屏风。

83 怎样建造日光温室的采光屋面?(视频 18)

采光屋面的坡度是否合理,直接影响着透入室内太阳直射光的多少。采光屋面有半拱圆式合一斜一立式。屋面坡度主要取决于太阳高度角。由于太阳位置具有冬季偏低、春季升高的特点,对用于冬季的日光温室主要透光面的坡度应大一些,用于春季的日光温室主要透光面的坡度应小些。地处北纬 35° ~ 55° 内的日光温室的屋面坡度一般要达到 30°。

采光屋面骨架包括拱杆、腰模和腰模支柱,也可用全钢架结构或钢架竹片复合结构。

骨架上覆有薄膜和草苫,草苫幅宽 1.5 ~ 1.6 米,长 8 ~ 10 米。草苫单重不得少于 40 ~ 60 千克。上苫时要装拉苫绳,以便拉苫和放苫。严冬季节应加盖双苫、纸被、棉被、无纺布等加强严寒季节的保温性能。雨雪之后每块草苫重达 100 千克左右,所以采光屋面常建成微拱形,以利于前坡牢固、薄膜绷紧和不被压沉,并且前坡骨架在建造和选材上应慎重考虑。一般拱间距以 50 ~ 60 厘米为宜,不得超过 70 厘米。除非采用保温被外覆盖,拱间距可以放到1～1.2米。拉梁焊接在下弦上，以保证压膜紧绷的良好效果。

84 建造日光温室的后坡、后墙和山墙要注意哪些问题？

后屋面合理的仰角应使日光温室北部没有常年无光区，并且在立冬至立春期间，阳光能照满后墙，最冷月阳光能照到后屋面。这样，不仅使日光温室内的光照比较均匀，有效地解决日光温室北部光照较少的问题，又能增加日光温室吸收与贮存热量，提高夜间温度。合理的角度应该大于当地冬至太阳高度角7°～8°，一般为35°～45°。所以一般节能型日光温室的后坡长1.5米左右，后墙高1.8～2.2米。

日光温室的墙体可就地取材，但要有好的保温蓄热性能，使白天得到的热量，只有小部分透过墙体散失到室外，大部分热量则蓄积在墙体，到夜间再传递到室内，使室内外最低温差可达到20～30℃。要以当地冻土层最大深度作为日光温室土墙的适宜厚度。又由于在相同厚度的情况下，土墙不如砖墙保温能力强，近年来异质复合墙迅速推广。这种墙体的一般构造是内层为砖、外层为砖或加气砖，中间有一定厚度的填充物，填充物有稻草、土、炉灰渣、珍珠岩、聚苯板等。

85 日光温室防寒沟和蓄水池有什么作用？如何建造？
（视频 19）

在日光温室前挖一个防寒沟，宽30～40厘米，深40～60厘米。它能阻断土壤热量横向散失，防止地冻层向日光温室内延伸，提高地温。无防寒沟则地冻内延2.5～3米，有沟的则无冰冻和低温底层，土温高且均匀，一般可保持10～15℃。沟内填装秸秆等保温材料，并用薄膜包裹防潮。

对冬季严寒的地区，在日光温室内山墙旁最好修建一个蓄水池，以便严冬季节预热水温。因为从室内引冷水灌溉会降低土温，也会导致作物根系造成冷害或冻害、严重影响作物的生长发育及产量形成。

特别提示

> 日光温室主要由墙体、采光屋面、后屋面、保温被等构成。山墙体包括了北边的后墙，东西两边的山墙，南边的前墙；采光屋面主要是前屋面，为透明屋面，由山前屋架、塑料薄膜或玻璃等组成；后屋面起着保温及人上去揭盖保温被和放置保温被的作用，由山后屋架、屋板、保温屋和防水层组成；保温被有棉被或毡棉混合被子等。

86　日光温室草莓应选用什么品种？

选用优质壮苗和适宜品种是温室草莓栽培获得高产、高效的关键。品种选择以休眠浅、果实耐贮运、丰产性好、抗病性强的品种为宜。适合日光温室栽培的草莓品种主要有美香莎、丰香、鬼怒甘、吐德拉、童子 1 号、静香等。栽培时应选用脱毒种苗，脱毒种苗具有生长健壮、节省肥水、抗病虫害、丰产性强等特点。健壮苗的标准为：单株重 30 克，具有 56 片复叶，茎粗 0.3 厘米，根茎直径 1.2 厘米，根系发达，有须根 5 条以上，无病虫。

87　怎样整地起垄和覆膜？

草莓具有喜光、喜肥、喜水、怕涝等特点，因此要选择肥沃疏松，灌溉方便的中性或微碱性土壤。低洼、盐碱地以及前茬种过草莓、马铃薯、番茄、辣椒又未能轮作其他作物的地块不宜栽植。

栽植前结合深翻整地，每亩施农家肥 4000～5000 千克，氮肥

10～15 千克,过磷酸钙 15～20 千克,结合深翻施 5% 的辛硫磷颗粒剂 2 千克,防治地下害虫。整地施肥后以南北行做垄,垄宽 50 厘米,高 20 厘米,垄间距 25 厘米。采用幅宽 80 厘米的白色或黑色地膜覆盖。

88　草莓定植时要注意什么?

定植时间以 8 月中旬至 9 月中旬为宜,栽植过早,室内温度高,成活率低,栽植过晚,冬前分化的叶片少,花序数也少,产量低。整地施肥后,在垄上(膜面)按行距 25～30 厘米,株距 25 厘米,双行三角形栽植,每亩栽植密度 1 万株左右。

栽植时以早晨、傍晚及阴雨天为宜,在正午或烈日下不宜栽植,栽植后进行适当遮荫有利于缓苗。栽植深度以深不埋心,浅不露根为原则。栽植时应注意使草莓苗弓背即花序抽生的一方朝向垄外侧,以利果实生长发育,着色和采收。栽植后立即灌一次透水,隔 3～4 天再灌第二水,以后每隔 10 天左右再灌一次水。

成活后根据墒情灌水,具体以早晨植株叶缘是否吐水为标志,如植株不吐水应视为缺水。秧苗成活后,每亩追施碳酸氢铵 15 千克,或硝酸铵 13 千克,或氮、磷、钾复合肥 15 千克,并灌透越冬水。

89　日光温室内如何调温控湿?

适时扣棚保温是温室草莓促成栽培的关键技术。从扣棚到浆果成熟需 80 天左右,扣棚时间取决于果实预期成熟上市时间,一般应在植株顶花芽分化后,将要进入休眠之前开始,当外界气温降到 8～10℃时扣棚。若保温过早,室内温度高,不利于草莓花芽分化;保温过晚,则植株进入休眠且不易打破,表现植株生长矮化,不易结果。

揭膜时间应安排在外界气温达到草莓生长发育的适宜温度时

进行，一般在 5 月上中旬，气温达到 20 ~ 28℃时，揭掉棚膜。利用通风口调节温度、湿度，各生理时期温度、湿度指标见表 2。一般谢花后温度高，成熟早，果实小；温度低，成熟晚，果实大。

表2　各生理时期温度、湿度指标

生理时期	白天温度(℃)	夜晚温度(℃)	空气湿度(%)
扣棚初期	28 ~ 30	12 ~ 15	70 ~ 80
现蕾期	25 ~ 28	10	70 ~ 80
开花期	23 ~ 25	8 ~ 10	40
果实膨大期	20 ~ 25	6 ~ 8	50 ~ 60
果实成熟期	20 ~ 23	5 ~ 7	50 ~ 60

90 怎样延长日光温室内的有效光照时间？

延长保护地内的光照时间，是实现优势高效的一个非常重要的生产措施。在生产上选用无滴长寿保温薄膜，其透光性能好，早晨膜上没有冰，拉开帘子后植株直接见到光，傍晚拉帘前膜上又没有水蒸气，植株仍可直接见光，这样，植株每天多接受有效光 0.5 ~ 1 小时；而且保温好，提温也快。早上 8 时测定，二者温度一样，当拉开帘子后 1 小时测定，无滴长寿保温膜棚内温度高1.5 ~ 2℃，这对保护地栽培生产优质果品是非常有利的。及时拉放草帘，让植株最大限度地接受有效光，为生产优质果品创造条件。有条件的农户可采用半自动或全自动卷、放帘，缩短卷放帘时间，相对可延长植株接受光照时间 0.5 ~ 1 小时。若采用无滴长寿膜和半自动卷、放帘，效果更好，每天相对延长光照时间可达1 ~ 2 小时，为实现优质、高产、高效和充分利用自然条件奠定了基础。

91 日光温室内栽培草莓如何进行肥水管理？

保持地栽培是高投入高产出的栽培方式。实践证明，生产优质高产高效的草莓，亩施优质腐熟鸡粪应在 3~6 立方米。配合施用复合肥或速效肥，生产的果品才能甜酸可口，色泽鲜鲜艳，果个肥大，深受消费者喜爱，从而实现高效益。另外土壤基肥充足，也是保持土壤温度的基础条件。

冬季北方井水温度一般高于 8℃。如遇特别冷的天气，利用井水来调控棚内温度效果较好。具体做法是：当棚内温度降低到 5℃ 以下时可用井水在棚内的薄膜管道内循环流动，当管道内水温与棚内温度一致时，将水排出，再向管道内放井水进行循环，以调整棚内温度，使植株不受冻。当棚内温度处于植株正常生长的范围内时，给植株浇水的时间应安排在上午 9~10 时，这样当棚内升温时，由于浇水棚内升温较缓慢，土壤贮存了一定热量，晚上降温速度也相对放缓，是生产优质果品的有利措施。

92　日光温室内如何管理植株?

缓苗后，随着苗的生长，新叶长出，茎基部叶片不断发黄枯萎，应及时摘除下部枯黄老叶和病叶，剪除长出的匍匐茎，促进株体健壮生长，提高丰产性。

从蕾期开始每株留 2~3 个花序，一般第一个花序留 58 个果，第二、三个花序，各留 35 个果为宜。结合疏果摘除畸形果、病虫果、弱小果，单株草莓留果以 10~14 个为宜。

93　日光温室草莓怎样施蜂授粉? (视频 20)

在日光温室内，通过投放熊蜂和蜜蜂为草莓授粉，是提高温室草莓产量和品质、防止畸形果的有效措施，且省工、省时、坐果率高、商品性好。有研究表明，得出熊蜂授粉比蜜蜂授粉的畸形果率更低，果更大，营养价值更高。熊蜂之所以比蜜蜂更适合为温室草莓授粉是因为熊蜂的一些活动特性优越于蜜蜂，如熊蜂采集力旺盛，日工作时间长；能抵抗恶劣的环境，对低温、低光密度适应力强，即使在蜜蜂不出巢的阴冷天气，熊蜂仍继续出巢采集；熊蜂的趋光性比较差，不会像蜜蜂那样碰撞棚壁；熊蜂也没有像蜜蜂那样灵敏的信息交流系统，能专心为温室作物授粉，很少从通气孔飞出去；熊蜂能直接适应温室环境，立即授粉，而蜜蜂进入温室需要一段适应过程。因此熊蜂越来越受到重视，已成为温室中最满意的授粉昆虫。

94 日光温室内草莓病虫害如何防治？

温室草莓易出现的病害有灰霉病、叶枯病、叶斑病、根腐病。防治灰霉病可喷 80% 扑海因可湿性粉剂 800 ~ 1000 倍液，防治叶枯病可喷 50% 速克灵可湿性粉剂 1000 ~ 1500 倍液，防治叶斑病可喷 70% 甲基托布津可湿性粉剂 1000 ~ 1500 倍液，防治根腐病可用 50% 苯菌灵可湿性粉剂 800 ~ 1000 倍液灌根。虫害主要有红蜘蛛、蚜虫，可用 8% 中保杀螨乳油 3000 ~ 4000 倍液，1.8% 虫螨光乳油 2000 ~ 3000 倍液喷雾防治。草莓病虫害应以预防为主，综合防治。严禁在开花期、坐果期喷药，以防止产生畸形果及影响质量安全。

95 日光温室草莓促成栽培应选择什么品种？怎样培育壮苗？

日光温室草莓栽培，要根据草莓品种的特性，按栽培类型进行选择品种。因许多品种既适合促成栽培也适宜半促成栽培。日光温室促成栽培的品种要求是，休眠期浅，易打破休眠，其花器对低温抗性较强、抗病、早熟、丰产、优质。一般看来，适合促成栽培的品种，是在 5℃ 以下低温需经历 500 小时以内的品种。生产上常采用的品种有春香、丰香、宝交早生等。有些地区采用品种也各有不同，在长江以南多用丰香品种。半促成栽培多采用宝交早生、全明星、戈雷拉、女峰、星都 2 号等。据湖北省荆州农业局王中原等人的试验结果，不同品种在促成栽培中，产量和质量的表现是有较大的差异的。在同一温室栽植不少于 3 个品种，有利于互相授粉。

在日光温室中栽培要求花芽分化早而饱满，能连续结果的壮苗。壮苗是日光温室栽培成功的关键。日光温室栽植的壮苗必须经过假植，不能采用已结过果的母株繁殖的草莓苗。壮苗标准必须具备 5 ~ 6 片叶，根茎粗 1.5 厘米，苗重 25 ~ 30 克。

96 日光温室草莓促成栽培定植有什么要求?

日光温室的促成栽培，要施足基肥，在定植前半月按每亩施 5000 ~ 8000 千克农家肥，并施入一些速效肥，如磷酸二铵 20 千克，底肥要足。把肥料撒于地表，翻下去，耙平做成高畦，畦为南北走向，畦距 90 厘米，畦高 15 厘米，畦面 40 厘米。在畦北侧做一条水沟，以便灌水。有条件的地区，最好用塑料软管滴灌，既省水，又能降低室内湿度。

定植时间因不同品种和不同地区而异。如上海、浙江在 9 月中旬至 10 月初；北京、河北保定在 8 月底和 9 月初。定植不宜过早或过晚。过早定植，室内温度高，导致植株生长过旺，在覆盖前会不断出蕾、开花、结小果，影响产量。如过晚，由于温度低，伤根多，定植后缓苗慢，易引起畸形果，也影响产量。最好带土栽，缓苗快。定植密度是每个高畦栽 2 行，每亩用 8000 ~ 10 000 株苗。株行距 15 厘米 × 25 厘米。要注意栽植方向，草莓茎的弓背朝向高畦面的两侧，结果时花序伸向畦的两侧，通风透光，提高果实品质，也减少病虫害。定植后顺畦沟浇透水。

97 日光温室草莓促成栽培定植后怎样进行棚室管理?

缓苗后应控制肥水，有利花芽分化，保持土壤湿润即可。及时去除老叶、病叶、匍匐茎。

适时扣棚　在北京地区、河北保定地区，如丰香品种在10月中旬扣棚，即霜冻来前，夜间气温到5~8℃时进行。扣棚后随气温下降要加盖蒲草苫。半促成栽培应根据休眠期深浅而定。休眠早的品种早保温，休眠期深的保温时期也相应较晚，最佳时间应是其品种已通过自然休眠后才能开始，但要根据当地气候条件来决定。

铺地膜　在保温后2周铺地膜，即是秧苗缓苗后进行铺地膜。有增加地温、保温保墒的作用，还可以使果实干净卫生。选择黑色无色透明地膜。铺膜方法同前。盖膜后马上破膜扒出苗，苗周围用土压严。

扣棚后的温度管理　扣棚后要认真管理好温度。开始保温要高，后期要低。草莓不同生育期对温度要求不同。①保温初期：为促进植株生长，阻止进入休眠矮化，促进花芽的发育，所以必须提高室温。白天温度28~30℃，夜间温度12~15℃，最低不低于8℃。为打破休眠，促进花芽、叶片、叶柄和花序发育，还用激素处理。开始保温后，植株第2片新叶展开时，喷第1次赤霉素，浓度5~10毫克/千克，每株喷5毫升，喷在心叶上，休眠期浅的丰香品种喷1次即可。如是宝交早生现蕾时要喷2次，浓度10毫克/千克。每株用量5毫升。②现蕾期：白天温度25~25℃，夜间温度10℃，此时夜温不宜过高，否则引起花芽退化，雌雄蕊生长发育受影响。③开花期：开花期要求适宜温度为14~21℃之间，最低温度为11.7℃。如温度过低花药不能散发，影响受精。开花后花粉要发芽，长出花粉管才能受精。室内温度不能过高或过低，不然都会影响受精。花粉发芽适宜温度为25~30℃，开花授粉受精时，白天日光温度保持在23~25℃，夜间温度为8~10℃。④果实膨大期：此期间温度要求低些，这样结果大，成熟迟；温度高，果个小，成熟早。一般白天应掌握在20~25℃，夜间温度为6~8℃为好。⑤果实膨大期：此期间温度要求低些，这样可使果大，成熟迟；温度高果个，果个小，成熟早。一般白天掌握在 20~25℃，夜间温度为 6~8℃为好。⑥果实采收期：这时温度为 20~25℃，夜间 5~7℃。日光温室的温度增加和保温是靠白天日光透过薄膜射入室内，增加室内温度。室温的高低要通过揭盖草苫和扒开放风口的大小来调节。具体做法是当外边温度低时，室内需增温和保温，草苫要晚揭早盖，放风口要小；温度过低，甚至不扒开放风口。当外界气温高时，草苫要早揭晚盖。扒开放风口要大些，放风时间长点。注意要根据具体情况来掌握。⑦保温后湿度的控制：保温后室内湿度大，这时易引起病害，湿度大对授粉有影响，每天中午前扒小口放风，放风时间要依据室内的湿度情况而定。

水肥管理 在促成栽培中花芽分化不如露地充分，积累营养少，为促进草莓生长发育，必须补充肥水。在施基肥的基础上，要追施速效肥，如磷酸二铵、氯化钾及多元素微肥料。施肥应在草莓生长关键期施肥。①花芽分化期：为促进花芽分化早，这时应掌握控制少用氮肥，可用磷、钾肥；当花芽分化后 10 天前后，应追施氮肥，促花芽发育；开花及果实膨大期，追肥浇水。每次每亩施复合肥 10~15 千克，或尿素 5 千克加磷酸二铵 10 千克。可结合浇水一起施入。还可在地膜上打孔，肥溶于水灌施。追肥用量看基肥情况而定。②草莓全生育期：要加强水分管理，除花芽分化期间少灌水外，其余时间应保持土壤经常湿润，不宜过干或过湿，保持土壤持水量在 60%~80%。这样有利植株生长发育。

植株管理 草莓旺盛生长时期，一般除保留主芽外，还要保留 2~3 个侧芽，植株上其余侧芽全部去除，还要及时去除老叶和匍匐茎。否则过多消耗植株体内营养，果个小，产量低。每株着生的花果量要看植株生长情况来决定。生长旺时，每株第 1 序留 12 个果。第 2 序留 7 个果。但还要看品种的结果能力。日光温室内要放蜜蜂，每栋温室养一箱蜜蜂。利用蜜蜂传粉，可提高坐果率。放蜂时室内温应掌握在 13 ~ 20℃，这温度也适合蜜蜂的活动，如温高要适当放风。

98　日光温室草莓半促成栽培有什么特点？

日光温室半促成栽培与促成栽培温室结构相同。栽培技术与促成栽培不同点：

品种选择　草莓品种不同所需休眠的低量不同，即有暖地型（休眠期浅）和寒地型（休眠期深）两种。半促成栽培，北方选用休眠期深的品种，如宝交早生、全明星、星都 2 号等，南方选用休眠期浅的品种，如丰香、宝交早生等。

培育壮苗　半促成栽培要求壮苗标准具有 5 ~ 6 片叶，根茎 1 ~ 1.5 厘米，苗重 20 ~ 30 克。根系多、粗壮。要求花芽分化早而花芽要多、质量好。选择专用繁殖田培育的秧苗，植株生长健壮，根系粗壮。植株经历充足低温，花芽分化饱满。秧苗具备 6 片以上叶，根茎粗 1.5 厘米以上。

扣棚时间　根据品种休眠期的长短而定。自然条件下品种已通过休眠，这时应开始扣棚。在河北保定于 12 中旬开始扣棚。在上海扣棚时间在 12 月中旬至 1 月中旬之间。保温应根据当地气候条件来决定，只有这样才能做到适时保温。

温度管理　保温后，外界气温下降，在日光温室覆盖草帘保温，使室内温度保持在 5℃以上，保持草莓的生理活动。3 月以后外界气温逐渐上升，根据当地气候条件，掌握室内草莓生长发育的适宜温度即可。其温度要求与大棚半促成栽培各生长发育期相似。其他管理也相同。

草莓无土栽培技术

草莓无土栽培，是将草莓植株置于含有多种营养元素的水溶液或营养液的基质中栽培，这是一新兴的栽培技术，不受地方大小的限制。规模可大可小，大的可工厂化栽培，小到每家每户，在窗台、阳台等处均可栽培。无土栽培的优点是产量高，品质好，果色艳丽。

99 草莓无土栽培有什么好处？效益如何？

草莓实施保护地无土栽培，在克服土传病虫害和连作障碍、减少农药用量、生产无公害果品等方面具有土壤栽培无可比拟的优越性，可大大提高草莓果实的商品率，能够实现高产、优质和高效。

意大利曾有人做过传统的露地栽培、有薄膜覆盖的保护地栽培、以泥炭块和珍珠岩为基质的悬挂式无土栽培 3 种栽培模式对草莓果实品质的影响试验，结果表明以露地生产的果实有较好的机械特性和糖含量；保护地生产的果实外观品质较好，但其糖酸含量低、机械强度差，可能是由于比露地栽培较早成熟的原因；基质无土栽培生产的草莓品质最佳，糖酸含量及其风味均佳。一般认为，立柱式无土栽培产品的营养品质不逊色于土培产品，而且无土栽培的草莓产品洁净，口感酸甜，商品率高。法国开展草莓无土栽培，按每平方米栽培 12～16 株计算，生产总成本 61～72元/平方米，按当地平均销售价 35 元/千克计算，产值为 87～158元/平方米。

　　无土栽培能耗大，成本高，其发展前景取决于对露地农业的竞争力。因此，不但应提高草莓无土栽培的单产水平，更要抓好其反季节栽培的利用，以显著提高其经济效益。冬草莓是相对于传统的草莓而言，可在深冬季节成熟应市。在江淮和长江中下游地区，选用丰香、春香、明金等浅休眠品种，不需夏季人工低温处理，在 9 月中旬定植于大棚或日光温室中进行基质培或水培，多重覆盖保温，使草莓上市期从第二年 5 月提前到当年 12 月份，可满足圣诞节、元旦和春节三大节日对新鲜果品的需求，每亩产量 1500 千克，产值可达 2 万元。

100　草莓无土栽培应选择什么品种？（视频 21）

　　选用合适的优良品种可以极大地发挥无土栽培技术的优势，如全明星、哈尼和鬼怒甘等表现优良。另外，培育根系发达、秧苗粗壮、花芽分化早、数量多的壮苗，并且选用无病毒的植株进行栽培也非常重要。

101　草莓无土栽培对营养液有什么要求？

　　无土栽培中，氮肥占肥料成本最大，对产量和品质的影响也大，国外配方多以硝态氮为氮源肥料，但国内该类氮肥货源少、价格昂贵，又有积累硝酸盐的弊端。最近有试验表明，草莓品种的营养液栽培中，铵态氮与硝态氮比例为 1∶3 时果实产量最高，但是每株花和果的数量在铵氮态与硝态氮比例为 3∶1 时最多。

　　草莓无土栽培的大量元素营养配方：营养生长期 NO_3^- 为 12

毫摩尔/升、NH_4^+ 为 2 毫摩尔/升、$H_2PO_4^-$ 为 2.2 毫摩尔/升、K^+ 为 6 毫摩尔/升、Ca^{2+} 为 3 毫摩尔/升、Mg^{2+} 为 1.25 毫摩尔/升；开花结果期分别为 NO_3^- 10 毫摩尔/升、NH_4^+ 10 毫摩尔/升、$H_2PO_4^-$ 2 毫摩尔/升、K^+ 6.5 毫摩尔/升、Ca^{2+} 3.25 毫摩尔/升、Mg^{2+} 1.05 毫摩尔/升。

无土栽培作物很易产生缺铁失绿症。当草莓叶中的含铁量 < 45 毫克/升时，在初花期(3 月底)会表现出典型的缺铁症状，随后叶片失绿严重，到收获末期叶片中含铁量 < 30 毫克/升，单株果实数量和产量都受到严重影响。生产中多以螯合铁作为铁源。草莓无土栽培推荐使用的铁浓度为 20 毫摩尔/升。草莓品种在两种基质上进行了无土栽培，比较了营养液中硼浓度为 10 或 7.5 毫摩尔/升时对草莓植株的影响，在两种基质上，施硼均能明显提高产量和单株果实数量；缺硼可以导致植株矮小，花败育和着果减少等。

一般无土栽培是采用化肥配制成营养液来灌溉作物，不但成本高，而且配制和管理技术难于被一般生产者掌握，限制了它的推广和应用。采用中国农业科学院试验成功由机械化养鸡场生产出售的消毒固态有机肥，将高温发酵消毒的干燥鸡粪、秸秆末和饼肥等混合拌入栽培基质，再依各种作物需肥规律配合一定复合肥、钾肥等分期追施，进行滴灌，不仅产量和品质不受影响，而且排出液不会污染环境，把有机农业和无土栽培结合起来，使肥料成本下降 60%，较好地解决了无土栽培肥料成本过高的难题。

102　草莓无土栽培怎样管理环境?

根际温度　由于草莓置身于空气中，很难以地温来保持植物体周围的温度。有试验对液温进行了比较，发现液温在 16℃ 以上对生育和产量影响很大。因此，确保液温达 16℃ 左右，并利用液温散发的热量来保持大棚温度是重要的保温措施。

人工补光　草莓的无土栽培多为设施栽培，特点是促进生育、提早结果和高产。但由于着果过多，在低温少日照期就会引起植株衰弱，造成收入下降。春香品种的电灯照明开始期以 11 月 10 ~ 25 日为宜。为了提高照明效果，将营养液加温到 16℃ 左右，可以进行人工补充光照，使光照强度不低于 1500 勒克斯，进行间歇照明，每小时照明 10 ~ 15 分钟。

二氧化碳　岩棉基质栽培的草莓，施用二氧化碳的地块比对照的草莓产量高出 30% ~ 50%，开花和收获日期提前，果实可溶性固形物和有机酸含量增加，改善了果实品质；二氧化碳的富集还可以明显降低营养液的电导度。在冬天，尤其是晴朗的严寒天气，玻璃温室中无土栽培的二氧化碳浓度，要比普通温室中的二氧化碳浓度低得多。因此，在进行无土草莓栽培时，补充二氧化碳是非常必要的。

昆虫授粉　因温室环境较特殊，草莓开花期常因授粉不良而影响产量。国外在草莓无土栽培的温室内多采用昆虫授粉技术，即通过放养澳大利亚熊蜂来授粉，这样不仅增加了产量，同时避免了化学污染。我国部分温室已开始进行推广应用。花期放蜂，每 1000 平方米放置一个蜂箱，效果明显。

103　无土栽培草莓的栽培床是什么样的？

赵恒田介绍了一套寒区冬季节能温室内用水培法栽培草莓的技术操作规程。这里介绍如下。

栽培床设计规格长 490 厘米，宽 32 厘米，高 6 厘米，每床铁板 2.5 平方米，内衬塑料薄膜。用 3 厘米厚的聚苯乙烯泡沫板做成定植板，在其上按行株距 15 厘米 × （15 ~ 20）厘米打两行定植孔，孔径为 7 厘米，用内装岩棉的一次性去底水杯来固定植株。栽培床由铁架支起，高度 100 厘米，床距 24 厘米。床的一端设回流口，回流口距栽培床床底 4 厘米，可为营养液深度定位口。300

平方米日光温室设计安装 64 个栽培床，其坡降为 1/100。

300 平方米温室内设一个半地下式营养液槽，长方体铁箱，内刷防腐油漆，规格 2.2 米×1.2 米×1.5 米，即 4 立方米贮液槽。选用潜水泵作供液动力，供液系统的管道及滴灌带均由塑料制成，管道直径 4~5 厘米，滴灌带上每株安一个滴灌头，基质栽培在作物行间布设一条滴灌带。

栽培槽用砖搭建成，采用压缝式摆放，每槽用砖 109 块，其特点根据作物栽培需要可灵活设置与拆除；有利于提高基质温度，促进根系生长槽的规格长 4.8 米、宽 36 厘米、高 15 厘米，内铺塑料布，上铺苯板，采用滴灌带浇营养液，滴灌孔用大头针打出孔径 0.5 毫米。槽距 12 厘米，其它设施同水耕栽培。

104　怎样配制无土栽培草莓的营养液？

营养液配方　下表（表 3）配方 1 为基质栽培专用营养液，配方 2 为水耕栽培专用营养液。

表 3　化学肥料用量

肥料种类	1000 升水用量（克）	
	配方 1	配方 2
硝酸钾	330	555
硝酸钙	209	562
硫酸镁	286	633
磷酸氢二铵	95	179
硝酸铵	70	352
螯合铁	13.9	20
硼酸	3.5	3
硫酸锰	1	2
硫酸锌	0.11	2
硫酸铜	0.03	0.05
钼酸钠	0.01	0.2

配制方法　水质与营养液配方：各地的水质都不相同，在配制营养液前要对当地水质进行测试分析，根据其中的离子浓度对营养液配方进行调整。如哈尔滨道里区新发镇，水中钙离子浓度为93毫克/千克，镁离子浓度为10毫克/千克，因此要把配方1、2中的钙离子调整为32毫克/千克、86毫克/千克，镁离子调整为28毫克/千克、52毫克/千克，其它元素水中含量很少，可忽略不计。据营养液槽大小，按上述配方用量乘以所需配制的营养液体积，即为所加入的肥料量。

营养液的配制程序　由于Fe在pH值高时易变成不可溶的沉淀物，可用EDTA二钠与硫酸亚铁混合配制成螯合铁，单独保存。其它微量元素分别溶化后混在一起保存，每次配量可供10 000升营养液使用的螯合铁和微量元素母液。在营养液槽中加入一定量的水，用浓硫酸调节水的pH值到6.0左右，用水pH值7.4，3000千克水加酸210毫升。称取含大量元素的各种肥料，分别溶解后倒入营养液槽中。按比例加一定量的螯合铁和微量元素母液，搅拌均匀。用酸度计和电导仪测定营养液的pH值和电导率，鉴定是否符合要求。

105　日光温室无土栽培草莓时如何管理营养液？

配方管理　缓苗期为促进发根浇清水即可。缓苗至开花结果初期，水耕栽培用1/3上表（表3）配方2营养液，结果盛期至采收末期用1/2配方2营养液；基质栽培用全量配方1营养液。

浓度管理　电导率代表营养液中离子的总浓度，要定期测试。当电导率值高时，要加水稀释，反之要补充肥料保持电导率在标准值范围。用水的电导率为0.46毫西门子/厘米，1/3配方2用量电导率为1.0～1.2毫西门子/厘米，1/2配方2电导率为1.5～1.8毫西门子/厘米。配方2营养液在草莓整个生育期间补充肥料11次调整EC值，缓苗至开花初期5次，结果盛期至采收末期6

次，平均每次调整相隔 10～12 天，每天循环 4 次，每次半小时。配方 1 营养液配制 9 次，两阶段 EC 值固定，不作 EC 值调整。在结果初期前配制 5 次，结果盛期至采收末期配制 6 次。

酸碱度管理　草莓要求营养液 pH 值在 5.5～6.5 之间，由于根系选择性地吸收阴、阳离子，以及受环境温度等影响，导致营养液 pH 值变化较大，据测定每周营养液的 pH 值升高 0.8～1.0，同时调节营养液 pH 的间隔时间不能多于 7 天。

营养液更换　由于草莓生长过程中其根系会向外分泌一些化学物质，这些物质过多积累会影响根系的正常生长。为了避免污染和根系分泌的有害物质的积累，营养液每隔 1 个月更换一次，草莓冬季生育期 145 天，更换营养液 2 次。一次在开花期，一次在果实转红期。

106　日光温室内无土栽培草莓怎样栽培管理?

品种选择　日光温室栽培不少于 3 个品种，有利于授粉，主栽品种为全明星，占总定植株数的 90%，哈尼、鬼怒甘作为搭配品种，各占 5%。

培育壮苗　壮苗标准：4～5 片叶，根茎粗 1.2～1.5 厘米，苗重 20～25 克。哈尔滨地区可于 8 月中下旬将配制好营养土的营养钵放于当年新发匍匐茎苗下方，当苗扎根后断茎，育苗期常浇水，10 月中下旬即培育成苗。脱毒种苗采用当年试管苗于春季(5 月 1 日前)移植到露地网棚中，管理同上。

定植　10 月中下旬扣棚，扣棚后随气温下降要加盖覆盖物。定植前，10 月中下旬将露地种苗假植在温室中，以防种苗进入休眠期，11 月初开始定植行株距按照上述不同栽培方式确定，保苗数为每平方米 10～15 株。

定植后管理　为促进植株生长和花芽分化必须提高室温，白天温度 25～28℃，夜间温度 10～15℃，最低不低于 8℃。当植株第二片新叶展开时用 5~10 毫克/千克赤霉素处理，每株喷 5 毫升，隔周再喷一次，结合人工补充光照。

现蕾期白天温度 20~25℃，夜间 10℃左右，此时夜温不宜过高，否则雌雄蕊生长发育受影响，畸形果增多。

开花期一般要求适宜温度 20℃左右，最低温度不低于 10℃。如果温度低，花药不能散发，室内温度不能过高过低，否则影响受精。花粉发芽适宜温度为 25~30℃，开花授粉受精时白天 23~25℃，夜间 8~10℃。采取蜜蜂辅助授粉，每栋温室(300 平方米)养一箱蜜蜂，利用蜜蜂传粉可提高坐果率。放风时室内温度应掌握在 13~20℃，这时温度也适合蜜蜂活动，如温度高要适当放风。温室内湿度控制在 70%以内，如湿度过高，晴天中午适当通风散湿。

果实膨大期温度要求低些，这样可使果重增大，一般白天应掌握在 20~25℃、夜间 6~8℃为宜。

植株调整 草莓旺盛生长时期，一般除保留主芽外还要保留 2~3 个侧芽，植株上全部侧芽全部去除，还要及时去除老叶和匍匐茎。每株着生的花果量要根据植株生长情况来决定。生长旺时，每株第 1 序留 10~12 个果，第 2 序留 3~5 个果。

适时采收 当草莓果实转红时即可采收，采收时将果柄于贴近果蒂处剪断，果实应以餐盒或小型纸箱盛装，果实向上摆放，一般摆 3~4 层。采收时间选定在早晨，当天采收当天出售。

草莓病虫害防治

107 怎样识别草莓灰霉病？如何防治？（视频22）

灰霉病是大棚草莓的重要病害，各地均有分布，发生普遍，保护地中发生较多，特别是花器和果实一旦染病，很快发生腐烂，并迅速传播，对产量影响很大，重者可减产40%以上。

症状识别 主要危害花器和果实。花器发病时，初期在花萼上出现水浸状小点，后扩大成近圆形至不规则形病斑，病害扩展到子房和幼果上，最后幼果腐烂。湿度大时，病部产生灰褐色霉状物。青果容易发病，初果顶柱头呈水浸状，继而演变成灰褐色斑，同时病菌向果肉内纵深侵染，空气潮湿时病果湿软腐化，天气干燥时病果呈干腐状，最终造成果实坠落。叶片受害，一般是靠近叶柄部的叶基处先发病，初呈水渍状小斑点，后向外扩展成近椭圆形、半圆形或不规则形灰褐色大病斑，最后蔓延到叶柄，最终受害部湿腐，叶片枯死，病部着生灰褐色霉状物。发病严重的草莓植株枯死。一般在草莓坐果至果实采收期发生。

防治方法 选用抗病品种，培育无病壮苗，精选无病种苗育苗，防止母株携带病菌传染幼苗。水旱轮作是消灭菌源最有效的措施，草莓和禾本科作物进行3年以上的轮作，尽量少选或不选择上茬栽黄瓜、番茄等的菜田。

选用长寿无滴膜并常擦拭棚膜，保持棚膜的良好透光，增加光照，提高温度，降低相对湿度。采用地膜覆盖，防止果实与土壤接触，避免感染病害；提高地温，减少土壤水分的蒸发，降低果实周围的空气湿度，促使果实正常生长。高垄栽培，膜下暗灌，棚脊高处放风等，并增设棚前沿防水沟，集棚膜水于沟内排除渗入地下，减少棚内水分蒸发。严格掌握棚室内的温度、湿度，草莓进入开花期至果实膨大期，白天温度在 20～25℃ 以上，夜间在 8～12℃ 以上时，尽量延长放风时间，使大棚内空气相对湿度保持在 60%～70% 之间。当外界气温白天在 20℃ 左右、夜间不低于 8℃ 时，应昼夜不关闭放风口。

定植前，每亩用 25% 多菌灵或 50% 代森锰锌可湿性粉剂 5 千克，撒施耙入定植土中，进行土壤灭菌消毒。移苗前选用 50% 速克灵或 50% 扑海因可湿性粉剂 1500 倍液，对棚内四周喷雾，进行棚内空气灭菌。在草莓匍匐蔓分株繁苗期及时拔除弱苗、病苗，并用药剂预防 2～3 次；定植后要重点对发病中心株及周围植株进行防治。每亩 25% 啶菌噁唑乳油 50～80 毫升，对水喷雾，喷水量依草莓的群体大小增减，一般不少于 60 升药液。

特别提示

草莓灰霉病是一种低温高湿型真菌性病害，在温度 18～23℃、相对湿度 80% 以上时有利发病。早春大棚中发病较重。寒潮频繁，阴雨连绵，大棚内空气相对湿度 90% 以上，浇水量过大，膜下积水，杂草过多，种植密度过大，生长过于繁盛，通风换气不当，施用未腐熟的农家肥，病果、病叶不及时清理等，都会加重病害的发生和蔓延。

---

108 怎样识别草莓白粉病？如何防治？（视频 23）

白粉病是草莓的主要病害，露地和保护地都有发生，特别是保护地草莓极易发病。

症状识别　主要危害叶片和果实，在果梗、叶柄和葡匐茎上很少发生。花和花蕾受侵害后，花萼萎蔫，授粉不良。幼果被菌丝包裹，不能正常膨大而干枯。果实后期受害时，果面裹有一层白粉，着色缓慢，果实失去光泽并硬化，严重时整个果实如同一个白粉球。

防治方法　防治大棚草莓白粉病不能单靠药剂防治，必须进行农业、生态、药剂等综合配套，才能收到较好的效果。

选用抗病品种，如明宝、益香、鬼怒甘等品种。草莓收获后应彻底清理、焚烧病残体。生长期应及时摘除病叶、病果、老叶，带出棚外深埋。一般种植草莓 2 年后与水稻等禾本科作物进行水旱轮作是消灭菌源的最有效措施。不能轮作的采用太阳能高温消毒处理，7~8 月份高温季节，采取覆盖塑料棚膜密闭大棚，垄面覆盖地膜，垄沟内灌水保湿，高温闷棚 15~20 天可有效杀灭棚内及土壤表层的病虫。农家有机肥中多带有植物病菌和虫害，应在施前 1~2 个月将其用日本酵素菌泼水拌湿、堆积和严盖农膜，使其发酵腐熟，杀灭病虫。

高垄、滴灌与地膜覆盖。实行小高垄双行栽植，地膜覆盖，同时采用滴灌，以降低棚内空气湿度，控制病害的发生发展。若无膜下滴灌设施，应科学用水，切勿漫灌，以"宁干勿湿"为原则，加强通风，棚内理想的相对湿度，开花坐果期为 60% 左右，果实膨大期为 70% 左右。增施有机肥和钙磷钾肥。重视增施有机肥，适氮重磷钾钙的施肥原则，如增施骨粉、45% 硫酸钾高效复合肥等。不仅能改善土壤营养状况，还可增强抗病力和提高品质，减少施药次数和施药量。

药剂防治从苗期抓起，在草莓葡匐茎分株繁苗期及时拔除弱苗、病苗，并用药预防 2~3 次；定植后要重点对发病中心株及周围植株进行防治，可用 50% 退菌特可湿性粉剂 800 倍液，或 25%

粉锈宁 2000 倍液，连续防治 2~3 次，间隔期 10 天 1 次。扣棚前后白粉病开始发病，要选用安全高效、低毒药剂防治。可用 10% 世高 WG1000~1500 倍液，75% 百菌清 600 倍液，43% 菌力克胶悬剂 3000~4000 倍液防治草莓白粉病都有较好的效果。开花期一般不能喷药，否则易产生畸形果，增加棚内湿度。如确需用药，优先采用烟熏法。烟雾剂有百菌清、速克灵等烟剂。

在温室内每 100 平方米安装 1 台熏蒸器，熏蒸器内盛 20 克含量 99% 的硫磺粉，在傍晚盖苦后开始加热熏蒸，每隔日 1 次，每次 4 小时。此种方法对蜜蜂无害，但熏蒸器温度不可超过 28℃，以免亚硫酸对草莓产生药害。温室内夜间温度超过 20℃时要酌减药量。

白粉病是一种对药剂较易产生抗性的病害，在生产中应做到轮换交替用药，每次施药间隔期 7~10 天为宜。同时讲究防治方法，重点在开花前预防为主，开花期用药一定要在上午 9 时前，下午 15 时后。采果期用药，应在果实采净后喷药，严格遵守农药使用的安全间隔期，一般在草莓用药后间隔 7 天以上才能采收上市。

> **特别提示**
>
> 草莓白粉病是一种真菌性病害。发病适温为 20℃左右，相对湿度为 80%~100%。湿度大利其流行，高温干旱与高温高湿交替出现，易大流行。大棚里温度高，湿度大，光照差，空气不流通，白粉病较露地草莓发病早而严重；基肥不足，偏施氮肥，植株徒长，枝叶过密，长势弱者均有利于白粉病发生。

109　怎样识别草莓芽枯病？如何防治？

草莓芽枯病俗称烂心病，是草莓的主要病害。露地和保护地均有发生，特别是在温室和拱棚中发生重。

症状识别　发病初期，花苞和新芽呈现萎蔫青枯状，后失去活力变成黑褐色而枯死。叶柄基部托叶如被侵染，成叶萎蔫；受害株的叶数，坐果数减少；重病株则全株死亡。在被害枯死部位往往有第二次寄生的灰霉菌产生，成为以后灰霉病发生的原因。轻病株随以后气温的升高，还可以长出新蕾和新芽。

防治方法　选用抗病品种。施用充分腐熟的堆肥。不要在病田育苗和采苗。掌握适宜的栽植密度和栽植深度。及时摘除病叶和下部枯黄老叶，使通风透光良好；尽量及早除病株，清理苗心。棚室栽培草莓放风要适时适量。合理灌溉，浇水宜安排在上午，浇后迅速放风降湿，防止湿气滞留。

从现蕾期间开始喷淋药剂，常用药剂有百菌清粉剂 600 倍液，甲基托布津可湿性粉剂 500 倍液，10% 立枯灵水悬剂 300 倍液，每隔 7 天左右防治 1 次，共防 2～3 次。芽枯病与灰霉病混合发生时，可喷洒 50% 速克灵可湿性粉剂 2000 倍液，65% 万菌灵可湿性粉剂 1500 倍液，50% 多·霉灵可湿性粉剂 1000 倍液。采收前 3 天停止用药。

特别提示

　　草莓芽枯病是一种真菌性病害。病原随病残体在土壤中越冬，栽植草莓苗遇有该菌侵染即可发病。气温低及遇有连阴雨天气易发病，寒流侵袭或湿度过高发病重。冬春棚室栽培，开始放风时病情扩展迅速，温室或大棚密闭时间长，发病早且重。

110　**怎样识别草莓炭疽病？如何防治？**（视频 24）

症状识别　危害叶片、叶柄、匍匐蔓、花瓣、萼片和浆果。株叶受害大体可分为局部病斑和全株萎蔫 2 类症状。局部病斑在匍匐蔓上最易发生，叶片、叶柄和浆果上也常见。茎叶上病斑长3~7毫米，初为红褐色，后变黑色，溃疡状稍凹陷；病斑包围匍匐蔓或叶柄整圈时，病斑以上部位枯死。萎蔫型病株起初病叶边缘发生棕红色病斑，后变褐色或黑色；发病较轻时，叶片白天萎蔫，傍晚时能恢复，发病严重时几天后即枯死；掰断茎部的症状是由外向内逐渐变成褐色或黑色，拔起植株，细根新鲜，主根基部与茎交界处部分发黑。

防治方法　选择无病田作为苗床，加强健康母株的选择。品种间抗病性差异明显、宝交早生、早红光抗病性强，丰香中抗，丽红、女峰、春香均易感病。避免大水泼浇、漫灌，防止泥水在草莓苗间飞溅、流淌。采用遮荫棚、滴灌、沟灌等方法，既给草莓植株补充水分，又可以降低地温。

草莓匍匐蔓伸长是防治的关键时期，田间摘老叶及降雨的前后进行重点防治。在育苗期和定植后每隔7~10天，叶面交替喷施600~800倍的代森锌、百菌清、溴菌清、托布津等，或喷炭净胶悬剂1500倍液。

特别提示

草莓炭疽病一种真菌性病害。病原主要在土壤中的病茎叶，匍匐蔓等病残体越冬，并成为初侵染源。以分生孢子随雨水飞溅到草莓上引起再次侵染和扩展。病原生长的最适温度在28~32℃，属高温性病害，凉爽干燥的气候不利于病害的发生。

---

111 **怎样识别草莓枯萎病？如何防治？**

枯萎病是草莓的常见病，部分地区分布，连茬种植或棚室栽培发病重。一般零星发病，轻度影响生产。严重时病株率可达30%以上，引起植株死亡，对生产有明显的影响。

症状识别　多在苗期或开花至收获期发病。发病初期心叶变黄绿或黄色，卷缩或产生畸形叶，引起病株叶片失去光泽，植株生长衰弱，在 3 片小叶中往往有 1 ~ 2 片畸形或小叶化，且多发生在一侧。老叶呈紫红色萎蔫，后叶片枯黄至全株枯死。剖开根冠可见叶柄、果梗维管束变成褐色至黑褐色。根部变褐后纵剖镜检可见很长的菌丝。

防治方法　从无病田分苗，栽植无病苗。栽培草莓田与禾本科作物进行 3 年以上轮作，最好能与水稻等水生作物轮作，效果更好。发现病株及时拔除，集中烧毁或深埋，病穴施用生石灰进行消毒。

发病初期喷 50% 多菌灵可湿性粉剂 600 ~ 700 倍液，或 70% 代森锰锌干悬粉 500 倍液，50% 苯菌灵可湿性粉剂 1500 倍液喷淋茎基部。每隔 15 天左右防治 1 次，共防治 5 ~ 6 次。

特别提示

草莓枯萎病一种真菌性病害。病原在病株分苗时进行传播蔓延。病原从根部自然裂口或伤口侵入。发病温限 18 ~ 32℃，最适温度 30 ~ 32℃。连作，土质黏重，地势低洼，排水不良，地温低，耕作粗放，土壤过酸，施肥不足，偏施氮肥，施用未腐熟肥料，均能引起植株根系发育不良，都会使病害加重。土温 15℃ 以下不发病，高于 22℃ 病情加重。

112　怎样识别草莓黄萎病？如何防治？（视频 25）

黄萎病是草莓生产上的重要病害，常年发病株率在 20% ~ 40%，严重年份达 80% 以上。

症状识别　该病在草莓产地广泛发生，尤其是与茄子、土豆、棉花轮作的地区病情更为严重，草莓开花结果期为黄萎病的多发期。发病初期叶柄出现黑褐色条形长斑，植株生长不良，逐渐矮化，外围老叶叶缘和叶脉变为褐色；新生长出的幼叶表现畸形，有的小叶明显变小，叶色变黄，表面粗糙无光泽，根系变褐色腐烂。

防治方法　为防治黄萎病侵染，用土壤处理剂防治黄萎病。进行组培脱毒苗是解决草莓黄萎病重要措施，有条件的地方尽量使用脱毒苗生产。草莓种植区 3 年更换 1 次种苗，尽量轮换栽植品质好、丰产性好、抗性强的新品种。多施腐熟有机肥，保持田间无杂草，少杂草，勤施肥，少施肥，勤浇水，湿度适中；当田间发现黄萎病株时，要及时拔除；同时要对周围土壤进行消毒处理，以防侵染其他植株。

> ### 特别提示
>
> 　　草莓黄萎病属于土壤真菌性病害，借土壤传播，病菌自根部侵入植株。当土壤温度在 20℃ 以上时易发病，28℃ 以上高温病菌系列受阻，温度越高寄主发病越重。病菌可以在土壤中以厚垣孢子的形式长期生存。除病株传染外，土壤、水源、农具都可带菌传染。

113　怎样识别草莓红心根腐病？如何防治？

草莓红心根腐病，大棚草莓促成栽培中普遍发生，病株率达 5% ~ 30%。发病植株几乎没有产量。

症状识别　该病可分为急性和慢性发生两种类型：草莓栽植后不久，一些植株萎缩死亡，属于急性发病；扣棚后一些植株生长缓慢，叶小，不抽生花茎，属于慢性发病。发病轻时，植株矮小，叶片小，叶柄短，托叶边缘红色；新茎弱小，抽生叶片、花茎能力弱；花小，梗短，花托扁平或畸形。发病重时植株不抽生新叶，老叶逐渐变成灰褐色，萎缩死亡。根系发病，幼根先端或中部变成褐色或黑褐色而腐烂，后中柱变红褐色。根茎交界处抽生少量新根，维持地上部不死。

防治方法 太阳能对大棚土壤消毒，于 7～8 月份将土壤深翻、灌水、耙平，地表覆盖一层地膜或旧棚膜，然后用旧棚膜将大棚密封，维持30℃天，期间土壤温度可达 45～50℃，可有效杀死土壤中病菌和害虫。也可以用98% 必速灭土壤处理颗粒剂进行消毒。施用方法是定植前20～30 天，将土壤犁松，均匀撒入必速灭，每亩用量 7～14 千克。施药后，把土壤充分翻动，耙平，浇水，盖上地膜，密封土壤，使药剂颗粒和土壤充分接触。10～15天后，揭开地膜松土通气，10 天后移植。栽时药剂蘸根，可选用77%甲基托布津可湿性粉剂 600 倍，或 77%多宁可湿性粉剂 800倍加77%甲基托布津 800 倍。

特别提示

草莓红心根腐病是一种真菌性病害。菌丝沿着中柱生长，导致中柱变红、腐烂。病菌抱子主要借灌溉水、农耕作业传播蔓延。该病是低温病害，地温 6～10℃适宜发病。塑料大棚草莓促成栽培中，10月下旬开始发病，11月中、下旬开始进入发病高峰。第2年3月份以后，感病轻的植株可恢复生长，开花结果。

---

114 怎样识别草莓黑根腐病？如何防治？

症状识别 病株易早衰，矮小，株势弱，坐果率低；被侵染的根部由外到内颜色逐渐变为暗褐色，不定根数量明显减少。该病又俗称"死秧"。

防治方法 避免在黏性土壤田块中种植，及时排水，防止草莓园土壤湿度过大。及时清除病株，实行轮作倒茬。根腐病发生严重地块要在 5~8 年后再种植草莓。进行垄栽并覆盖地膜。以硫酸铵做氮肥有利于降低草莓黑根腐病的发生，同时要多施磷、钾肥。选用抗病品种，如红香即为抗红中柱根腐病品种。利用日光对土壤进行消毒，不但可以降低土壤病原菌的数量，抑制根腐病，同时还有增产效果。用 50% 速克灵、70% 甲基托布津可湿性粉剂及 80% 多菌灵可湿性粉剂 500 倍液浸苗根均可降低发病。田间 58% 甲霜灵锰锌 WP、64% 杀毒矾 500 倍液、50% 扑海因 1500 倍液等田间灌根也可降低发病；72% 克露可湿性粉剂 600 倍灌根对红中柱根腐病效果最佳。该方法比较费时费力，对土壤病原物的防治效果不如对叶面病害防治显著，同时，化学防治带来的残留问题和对生态环境的破坏已经不容忽视。

特别提示

草莓黑根腐病因复杂，病害循环多样。可由多种土壤病原真菌、线虫、土质贫瘠和不适宜的环境单独或复合所致。长期连作，土壤病原菌、线虫数量增加；越冬低温冻害；除草剂药害；土壤板结，地力下降；植株根部过度积水或土壤过干均易发病。其中土壤病原物增加和植株生长势衰弱是主要病因。

---

115 怎样识别草莓红中柱根腐病？如何防治？

症状识别 植株易早衰，茎变为褐色；植株下部老叶变成黄色或红色，新叶有的具蓝绿色金属光泽；匍匐茎减少，病株枯萎迅速。发病初期不定根中间部位表皮坏死，形成 1~5 毫米长的红褐色或黑褐色梭形长斑，严重时木质部坏死；后期老根呈"鼠尾"状，切开病根或剥下根外表皮可看到中柱呈暗红色。急性萎凋型：多发生在 3 月中旬至 5 月中旬，地下部发病迅速，特别是雨后初晴叶尖突然凋萎，全株青枯死亡；慢性萎缩型：9月下旬到11月上旬植株矮化萎缩，下部老叶叶缘呈紫红色或紫褐色，后全株萎蔫死亡。

防治方法 可以参考草莓黑根腐病的防治方法。另外，红香即为抗红中柱根腐病品种。72%克露可湿性粉剂600倍灌根对红中柱根腐病效果最佳。

特别提示

草莓红中柱根腐病是一种真菌性病害。夏秋气温较低，土壤湿度过大；种植区地势低洼，土壤积水较多；常年连作导致土壤中病原物增加，越冬遭遇冻害，生长势减弱。一般黏土地块比沙壤土易发病。

116 怎样识别草莓褐斑病？如何防治？（视频26）

草莓褐斑病又称轮纹病，是草莓生产中常见病害，严重时可造成叶枯苗死，直接影响草莓生产。

症状识别 主要危害叶片。初生褐紫色小圆斑，扩展后形成大小不等的圆形至椭圆形病斑，病斑中部褪为黄褐色至灰白色，边缘紫褐色，斑面轮纹明显或不明显，其上密生小黑点。

防治方法 因地制宜选用抗病良种。种植前摘除种苗病叶。种植时用70%甲基托布津可湿性粉剂500倍液浸苗15~20分钟，待药液晾干后栽植。发芽至开花前用等量式波尔多液200倍喷洒叶面，每15~20天喷1次，有良好的防效。发病初期开始喷10%世高水分散颗粒剂1500倍液，或70%甲基托布津可湿性粉剂800倍液，或50%福·甲硫可湿性粉1500倍液，或40%多·硫悬浮剂或50%混杀硫悬浮剂500倍液。

特别提示

草莓褐斑病一种真菌性病害。遇高温干旱，病情受抑，但如遇温暖多湿，特别是时晴时雨的天气频繁出现，病情又扩展。品种间抗性有差异。

117　怎样识别草莓蛇眼病？如何防治？

草莓蛇眼病又称叶斑病，是草莓的常见病害，发生普遍。发病较轻时生产无明显影响，严重时发病率60%，部分叶片坏死干枯，明显影响草莓产量。

症状识别　主要危害叶片、叶柄、果梗、嫩茎和种子。在叶片上形成暗紫色小斑点，扩大后成近圆形或椭圆形病斑，边缘紫红褐色，中央灰白色，略有细轮，整个病斑呈蛇眼状，病斑上不形成小黑粒。

防治方法　收获后及时清理田园，被害叶集中烧毁。定植时淘汰发病苗。发病初期，喷淋50%琥胶肥酸铜可湿性粉剂500倍液，或30%绿得保悬浮剂400倍液，或14%络氨铜水剂300倍液。

特别提示

草莓蛇眼病一种真菌性病害。病原在枯叶病斑上越冬，第二年春天产生分生孢子进行初侵染和再侵染。病原生育适温18~22℃，低于7℃或高于23℃发育迟缓。

118　怎样识别草莓褐角斑病？如何防治？

症状识别　主要危害叶片。叶片发病初期出现暗紫褐色多角形病斑，扩大后变为灰褐色，边缘色深，后期病斑上有时具轮纹，病斑直径约 5 毫米。

防治方法　种植前摘除种苗病叶，并用 70% 甲基托布津可湿性粉剂 500 倍液浸苗 15~20 分钟，待药液晾干后栽植。田间在发病初期开始喷 70% 甲基托布津可湿性粉剂 800 倍液，或 40% 多·硫悬浮剂或 50% 混杀硫悬浮剂 500 倍液。每隔 10 天左右防治 1 次，连续防治 2~3 次。采收前 7 天停止用药。

> **特别提示**
>
> 　草莓褐角斑病一种真菌性病害。病原在病残体上越冬，春天雨后产生分生孢子进行初侵染和多次再侵染，5~6 月份为盛发期。

119　怎样识别草莓叶枯病？如何防治？

草莓叶枯病又称"V"型褐斑病，是草莓的普通病害，发生普遍。

症状识别　叶片发病初生紫褐色小斑，后扩展成黄绿色大斑；嫩叶发病常始于叶尖，沿主脉向叶基呈"V"型扩展，病斑褐色，边缘深褐色，病斑上可出现轮纹，后期病部生出黑褐色小粒点，一般每片叶上只有 1 个大斑。

防治方法　选用耐病品种。收获后及时清除病老枯叶，集中烧毁或深埋。棚室栽培，要适时适量通风换气，防止湿气滞留，减少棚膜和叶面结露。零星发病时，开始喷 50% 速克灵可湿性粉剂 1500~2000 倍液，或 50% 扑海因可湿性粉剂，或 50% 农利灵可湿性粉剂 1000~1500 倍液。采收前 3 天停止用药。

特别提示

　　草莓叶枯病一种真菌性病害。棚室条件下，棚室内外温差大，棚内温度高光照条件差，叶组织柔嫩易发病；露地草莓遇春季潮湿多雨或大水漫灌也易流行。品种间抗病性差异明显。

120 **怎样识别草莓疫霉果腐病？如何防治？**

　　该病是草莓的重要病害，发生普遍，露地发病多，保护地也有发生。一般零星发生，严重时发病率可达20%以上，影响产量和质量。

　　症状识别　主要危害果实。开花期至成熟期均可发病。幼果发病时病部变为黑褐色，后干枯，硬化，如皮革，故又称为革腐。成熟果发病，病部白腐软化，似开水烫伤。

　　防治方法　清沟沥水，合理施肥，不偏施氮肥。草莓园内可用谷壳铺设于畦沟内，避免雨水直接落到土壤上。从花期开始喷40%三乙磷酸铝可湿性粉剂150～200倍液，或50%甲霜铜可湿性粉剂600倍液，或60%琥·乙磷铝可湿性粉剂500倍液，58%甲霜灵·锰锌可湿性粉剂800倍液，69%安克锰锌可湿性粉剂或水分散颗粒剂1000倍液。每隔10天左右防治1次，连续防治3～4次。

特别提示

　　草莓疫霉果腐病一种真菌性病害。病原以卵孢子在土壤中越冬，第二年春天条件产生孢子囊，遇水释放游动孢子，借雨水或灌溉水传播，引起初侵染和再侵染。地势低洼，土壤黏重，偏施氮肥发病重。

121 **怎样识别草莓烂果病？如何防治？**

症状识别　主要危害果实和根，果实发病初呈水渍状，熟果略呈微紫色，病果软腐，果面长满白色浓密絮状菌丝；叶柄、果梗发病症状类似。根发病后变黑腐烂，地上部萎蔫，重株枯死。

防治方法　床土应选用无病新土。选择地势高，地下水位低，排水良好的地块做苗床。播前一次灌足底水，出苗后尽量不浇水，必须浇水时一定选择晴天喷洒，不能大水漫灌。发病初期，淋72.2%普力克水剂 400 倍液，或 15%恶霉灵水剂 450 倍液，或12%绿乳铜乳油 600 倍液。

特别提示

　　草莓烂果病一种真菌性病害。病原在自然界中广泛存在，可在土壤中存活，草莓果实成熟时遇高温多雨，很容易发病。重茬地，低洼地，湿度大，栽植过密，植株容易发病。

122 **怎样识别草莓青枯病？如何防治？**

症状识别　主要发生在定植初期。发病初期下位叶 1~2 片凋萎，叶柄下垂似烫伤状，烈日下更为严重。夜间可恢复，数天后整株枯死。根系表面无明显症状，将根冠纵切，可见根冠中央有明显褐化现象。生育期间发病甚少，直到草莓采收末期，青枯现象再度出现。

防治方法　严禁用病田做育苗圃，栽植健康苗。施用充分腐熟的有机肥或草木灰，调节土壤 pH。用生石灰进行土壤消毒。发病初期开始喷药或灌根，常用药剂有 72% 农用硫酸链霉素可溶性粉剂 4000 倍液，或 14%络氨铜水剂 350 倍液，或 50% 琥胶肥酸铜可湿性粉剂 500 倍液。每隔 7~10 天防治 1 次，连续防治 2~3

次。采收前 3 天停止用药。

特别提示

草莓青枯病一种细菌性病害。病原主要随病残体残留于草莓园或在草莓株上越冬，通过雨水和灌溉水传播，或通过带病草莓苗传播。病原从伤口侵入，有潜伏侵染特性，有时长达 10 个月以上。病原发育温限 10~40℃，最适温度 30~37℃，最适 pH 值 6.6。久雨或大雨后转晴发病重。

123　怎样识别草莓病毒病？如何防治？（视频 27）

症状识别　草莓感染病毒后，特别是感染单种病毒，大多症状不显著或者难以看出症状，称为隐症。主要表现为长势衰弱、退化，如新叶展开不充分，叶片小型化、无光泽，失绿变黄，叶缘部位失绿更严重、叶片皱缩、扭曲、群体矮化、坐果少、果型小、产量低。

防治方法　引种草莓脱毒苗，对草莓斑驳病毒和皱缩病毒可把无性繁殖材料置于 37~38℃ 的温度环境中，处理 10~14 天脱毒。茎尖组织培养和花粉培养是草莓无病毒苗培育的一项最为有效技术。

大棚草莓田在早稻收割后即行翻耕，每亩翻耕时撒入石灰 50 千克，翻耕后在烈日下晒 7~10 天，然后作畦，并用绿享 1 号等进行土壤消毒。

发病初期开始喷药，常用药剂有 1.5% 植病灵乳剂 1000 倍液，抗毒剂 1 号水剂 300 倍液，20% 毒克星可湿性粉剂 500 倍液。每隔 10~15 天防治 1 次，共防治 2~3 次。另外，从苗期就要开始治防蚜虫，大棚内防蚜虫时最好选用植物性杀虫剂，如博落回总碱，以免对棚内传媒蜜蜂的伤害。

特别提示

病毒主要在草莓种株上越冬，通过蚜虫传毒；连年种植，病毒病发病率高。莓田附近有病草莓田或其他自然发病寄主，发病重；传毒媒介昆虫与线虫的存在，出现时间和数量，对病毒传播有直接影响。重茬地由于土壤中积累的传毒线虫及昆虫的数量增多，发生加重。

124　怎样识别草莓根结线虫？如何防治？

同一个大棚连续 3~4 年或更长时间种植草莓，单位体积内线虫繁殖量越来越多，使得大棚草莓发生线虫病机率多，一旦发病，轻者减产 20%~30%，重者死亡。

症状识别　在大棚草莓成熟前，地上部植株明显生长不良，表现出缺水、缺肥状，生长缓慢，基部叶片变黄，叶缘焦枯，提前脱落，开花迟，果实生长慢。果实一旦进入成熟期，病株表现出严重干旱似的萎蔫，重者慢慢干枯死亡。大田栽培，常见一片片的病株，轻者病株虽能结果，但果个小，成熟延缓。

根端形成纺锤状或不规则形虫瘿，初期呈乳白色，后变淡黄色至深黄色，随后从这些虫瘿上长出许多幼嫩的细根毛，根毛及新生侧根根尖再次被线虫危害，形成新的虫瘿。如此多次反复，使整个根系形成乱发似的须根团，根系沾满土粒与砂粒，难以抖落。切开虫瘿，可见乳白色针尖大小的线虫。早期被害形成乳白色的小虫瘿，危害晚期在根上形成褐色突起的较大虫瘿。

防治措施　加强检疫措施在草莓苗子调运中，切实做好检疫工作，严禁带线虫的苗子调入，以防传播。选择抗病品种选用抗线虫品种，如早熟的丰香、晚熟的全明星。轮作换茬同一地块隔年种植草莓或连作 3 年后相隔 3~4 年再种植，其间种植线虫不危害的作物；每年草莓采后以轮作水稻为好。改变环境条件不利于线虫生存，可大大降低线虫单位面积内存量。

清除侵染源生产管理过程中或收获后，拔除病株，挖除病根，集中烧掉，切不可用来垫圈和沤肥。培育无病壮苗育苗时选无病地、不带线虫病的苗育苗。在此基础上，移栽时挖大垛移栽，使苗健壮，减轻病害。夏季高温季节利用大棚结构，上部用大棚密封，地面用黑地膜覆盖、增温，使地温达到45℃以上杀死线虫。

常用药剂有40%甲基异硫磷乳剂，按有效成分计，每亩施300～400克，特重病地500克；灭线磷10%施1千克；1.8%阿维菌素乳油1千克。若是乳剂对适量水，条施于沟底再栽种，若是颗粒剂加20千克细干土混匀，施于沟底后栽种，也可穴施或撒施于根周土壤中。

特别提示

根结线虫在通气良好、质地疏松的沙壤土和沙土地中，尤以肥力低的砂质岭薄地发生重。低洼、返碱地和黏性土壤发病轻或不发病。土壤含水量占田间最大持水量的20%以下和90%以上，都不利于根结线虫的侵入。幼虫侵入的最适土壤含水量为70%，夏季过涝或干旱均不利于发病。线虫侵染的土温范围为12～34℃，土温12～19℃时，幼虫10天才能侵入；20～26℃时4～5天就能大量侵入；高于26℃不利于侵入；温度达45℃开始死亡。同一个大棚连作发病重，轮作地发病轻，特别是水旱轮作可以控制病害的发生。坐地繁殖，或用带虫瘿的病株繁殖草莓苗，极易传播到种植地中，导致发病。

---

125 为什么保护地草莓会出现畸形果？如何防治？

果实过肥或过瘦，有的呈鸡冠状或扁平状等。

发生原因 育性不高，雄蕊发育不良，雌雄器官育性不一致，引起授粉不完全而产生畸形果，如达娜等品种，易出现雄蕊短、雌蕊长现象，花粉粒少而小，发芽力差，因而容易发生畸形果。大棚内缺乏蜜蜂等访花昆虫，或者虽然放蜂，但由于连阴天，温度低等不良环境影响，蜜蜂出巢活动少，或者由于草莓花朵中花蜜的糖分含量低不能吸引昆虫传粉，导致授粉不佳。高温、低温或高湿都可引起草莓畸形果，开花授粉期，温度超过30℃，花粉发育不良；温度0℃以下可导引起柱头变黑，丧失受精能力。高湿则影响花药开裂，相对湿度超过80%，可引起水滴冲刷柱头，而且还会影响授粉昆虫的活动。花期喷药能抑制花粉发芽，当日开的花受影响最大。花期喷水可使一部分花粉破裂，不能全面授精，引起草莓畸形果。

防治方法 选用育性高的品种。授粉品种选择花粉量丰富、亲和性好、开花期与主栽品种接近的品种。最好选用无毒苗。花芽分化好，则花多，果个大，畸形果少。

草莓株龄2~3年后就会退化，畸形果增加，应及时对退化种苗进行更新。定植前2周，采取断根、遮阳、控氮、去老叶等措施，以促进花芽分化。

在棚内放养蜜蜂，每标准棚5000只左右。开花坐果期应经常通风排湿、降温，白天温度一般保持在22~25℃，夜间保持8℃以上，相对湿度控制在50%。采用无滴膜，防止水滴冲刷柱头。

病虫严重时应在花前或花后用药，开花期严禁喷药，必要时用烟雾剂熏蒸处理。

126 为什么草莓尖顶会出现软腐？怎样防治？

症状识别 果实顶端不着色，呈透明状，软腐。保护地草莓在头年冬末到翌年早春时节最容易发生此病。

防治方法 科学浇水，保持田间最大持水量的70%~80%。

小水勤浇，避免大水漫灌。覆盖地膜的草莓可膜下暗灌。采用滴灌技术。合理密植，改善光照。亩栽植 8000 ~ 12000 株。及时摘除老叶、衰败叶、病叶，抹除顶芽。保护地栽培草莓要做好结果期温度管理。无论是春大棚或暖温室栽培的草莓，都要尽力把温度控制在 17 ~ 30℃。

特别提示

　　田间湿度大，光照效果差，结果期温度低，容易发生这种现象。

127　为什么草莓会出现雌蕊退化症？怎样防治？

　　症状识别　柱头极小，不发达，雌蕊退化（或无雌蕊）至最后变黑枯死，不能完成授粉过程，不结果。雄蕊正常。

　　防治方法　多施充分腐熟的优质有机肥，不要过多施用化肥，尤其在施用钾肥时注意不要过量。补充硼肥。亩施用硼砂 2 ~ 2.5 千克作基肥，和有机肥一起堆沤。严格控制土壤湿度，不能长时间超过田间最大持水量的 80%。适时适量使用赤霉素，保持适宜温度。以浓度 5 毫克/千克左右的赤霉素处理效果最好。要求白天温度 22 ~ 25℃，夜晚 13 ~ 15℃。一般情况下，发生休眠现象只是在低温环境中发生的，如果加强保温升温措施，使温度保持在 8℃以上，则不会产生休眠或仅有较短时间的休眠。注意，升温和赤霉素处理不能兼用。

特别提示

　　缺硼，生产上采取缩短休眠期的措施，如增加光照时间和强度、高温处理和喷洒赤霉素等，导致植株生理发生质变，造成雌蕊退化。

128　为什么草莓会出现心叶日灼症？怎样防治？

症状识别　初展或未展的心叶及附近几片嫩叶的叶缘呈褐色或黑褐色急性枯死。心叶仅叶缘部分死亡，其他部分迅速长大，受害叶片像翻转的酒杯或汤匙。

防治方法　壮苗移栽。壮苗的标准：植株完整，具有4片以上正常复叶；植株矮化，有较多的新根，苗木重10克以上，新茎粗度1.2~2毫米。精细整地，保证土壤密接。慎用赤霉素，尤其不要多次过量使用。若数日阴天后天气骤晴，可用碎麦秸、稻草覆盖草莓。移栽后要立即灌水，以后每天小水勤浇直至成活。成活后中耕2~4次。若天气久晴，日照强烈，可在上午10时至下午3时采用遮阳网覆盖。

特别提示

　旺苗或弱苗移栽；移栽后根未成活，仅绿叶部分成活；心叶周围有小水滴，受强光照射聚光生热；天气久阴骤晴；过量多次使用赤霉素；天气干燥，叶片蒸腾加剧。

129　为什么草莓会出现叶烧症状？怎样防治？

症状识别　同心叶日灼症。不同的是叶烧多发生在老叶或较老的叶片上。发生叶烧时，叶缘呈茶褐色枯死。叶烧轻的仅发生在叶缘锯齿状部位，严重时可使大半叶片枯死。枯死斑色泽均匀、表面干净，无侵染性病害所特有的症状，浇水后或雨后病情缓解，停止发展。

防治方法　晚春、夏季、早秋时节，在上午8时至下午4时放脚底风或开大风口放风，使设施内温度保持在20~25℃。保持土壤湿润，小水勤浇。土表1厘米深缺水时应立即浇水。不可多浇水，尤其不要在天气久阴或阴雨绵绵时反复浇水。施肥量不要过多，最好是配方施肥，肥要撒匀，不能将肥料施成"花篱"肥。中耕除草、施肥等要细致，不要损伤根系，保持根系正常发育。

特别提示

高温、干旱、施肥过多、根系受损、涝渍等都可导致叶烧。

130 草莓斜纹夜蛾危害有什么特点？如何防治？

危害特点 斜纹夜蛾寄主多，食性杂，以幼虫为害植物叶部，也危害花及果实。1、2龄幼虫群集啃食叶下表皮及叶肉，仅留下上表皮及叶脉成窗纱状；3龄以上分散为害，咬食叶片，仅留主脉，有假死性，对阳光敏感，晴天躲在阴暗处或土缝里，夜晚、早晨出来为害，大发生时幼虫密度大，以致毁产并能转移为害。幼虫头部淡褐至黑褐色，胸腹部颜色多变，密度大时，体色纯黑，密度小时多为土黄色到暗绿色。一般幼虫体色较淡，随着龄期增长而加深，老熟幼虫入土化蛹。

防治方法 清除杂草，结合田间作业可摘除卵块及幼虫扩散危害前的被害叶。采用性诱剂、杀虫灯及糖醋液等诱杀雄蛾，通过破坏种群性别比和干扰正常的交配活动来压低虫口基数。

第3~5代斜纹夜蛾是主害代，药剂防治上采取压低3代虫口密度、巧治4代控制危害、挑治5代的防治策略。根据幼虫危害习性，防治适期应掌握在卵孵高峰至低龄幼虫分散前，应选择在傍晚太阳下山后施药，用足药液量，均匀喷雾叶面及叶背。在卵孵高峰期可选用5%卡死克乳油2000倍液，或5%抑太保乳油2000倍液等喷雾，在低龄幼虫始盛期选用15%安打悬浮剂3500倍，或1%威克达乳油3000倍液，或48%乐斯本乳油1000倍液，或40%新农宝乳油1000倍液，或5.7%天王百树乳油1500倍液等喷雾防治。

特别提示

斜纹夜蛾一年发生多代，世代重叠，无滞育现象。成虫体长14~20毫米，白天不活动，黄昏后开始取食飞翔，多在开花植物上取食花蜜，然后产卵。成虫对糖、酒、醋液及发酵的胡萝卜、豆饼等有很强的趋性，对一般光趋性不强，但对黑光灯趋性强。

131 **草莓蚜虫危害有什么特点？如何防治？**（视频28）

危害草莓的蚜虫有数种，常见的有桃蚜、棉蚜等。

危害特点 蚜虫在植株上长年均可危害，以初夏和初秋密度最大，多在幼叶、花、心叶和叶背活动吸取汁液，受害后的叶片卷缩、扭曲变形，使草莓生育受阻。更大危害时传播草莓病毒病。蚜虫可全年发生，但以5~6月和9~10月危害最重，年发生10多代，世代重叠现象严重，给防治造成一定的困难。蚜虫以成虫在塑料薄膜覆盖的草莓株茎和老叶下面越冬，也可在作物近地面主根间越冬，或以卵在果树枝、芽上越冬。在温室内不断繁殖危害。蚜虫在草莓植株上全年均有发生，以初夏和秋初密度最大。多在幼叶叶柄、叶的背面活动吸食汁液，蜜露污染叶片，蚂蚁则以其蜜露为食，故植株附近蚂蚁出没较多时，说明蚜虫开始危害。

防治方法 及时摘除老叶，清理田间，消灭杂草。在繁殖苗床育苗期，加强喷药防治，减少蚜虫传毒机率。草莓开花期前喷药防治1~2次，可用50%的敌敌畏溶液1000倍。或用40%乐果乳油1000~1500倍液、50%辟蚜雾2500~3000倍掖。一般采果前15天停止用药。各种药剂应交替使用，避免单一用药，以免蚜虫产生抗药性。

利用有翅蚜对黄色、橙黄色有较强的趋性。取一长方形硬纸板或纤维板，板的大小为 30 厘米 × 50 厘米，先涂 1 层黄色广告色，晾干后，再涂 1 层黏性黄机油（加少许黄油）或 10 号机油，每亩设置 2 ~ 3 块，当粘满蚜虫时，需及时再涂黏油。利用银灰色对蚜虫有驱避作用，用银灰色薄膜代替普通地膜覆盖，而后定植或播种。隔一定距离挂 1 条 10 厘米宽的银膜，与畦平行。草莓开花期前施药防治 1~2 次。傍晚密封棚室，每亩用灭蚜粉 1 千克，或 10% 杀瓜蚜烟雾剂 0.5 千克，或 22% 敌敌畏烟雾剂 0.3 千克，或 10% 氰戊菊酯烟雾剂 0.5 千克。喷药可用 25% 天王星 EC 2000 倍液，或 2.5% 功夫 EC 4000 倍液，或 20% 灭扫利 EC 2000 倍液，或 10% 吡虫啉 WP 1000 ~ 2000 倍液，或 20% 好年冬 EC 1000 ~ 1500 倍液等。

特别提示

蚜虫在河北、北京地区 1 年发生 10 ~ 20 多代，在 25℃左右温度条件下，每 7 天左右完成 1 代，世代重叠现象严重，给防治造成一定困难。蚜虫以成虫在塑料薄膜覆盖的草莓株茎和老叶下面越冬，也可在风障作物近地面主根间越冬，或以卵在果树枝、芽上越冬。在温室内则不断繁殖危害。

---

132 草莓螨类危害有什么特点？如何防治？

危害草莓的螨类有多种，其中最重要的有二点叶螨和仙客来叶螨两种。

危害特点 二点叶螨的寄主植物很广，有果树、蔬菜、花卉等 100 多种。各种寄主植物上的叶螨可以相互转移危害。年发生在 10 代以上，世代重叠，周年危害。以雌成虫在土中越冬，翌年春产卵，孵化后开始活动危害。高温干燥是诱发叶螨大量系列的有利条件，短时期内可造成很大损失。仙客来叶螨主要为害大棚内草莓，也可危害田间草莓。叶螨在草莓叶的背面吸食汁液，使叶片局部形成灰白色小点，后现红斑，严重受害时叶片呈锈色干枯，状似火烧，植株生长受抑制，严重影响产量。叶螨成虫无翅膀，靠风雨、调运种苗以及人体、工具等途径传播扩散。

防治方法 草莓育苗期间，叶螨在植株下部老叶栖息、密度大、危害重，故随时摘除老叶和枯黄叶，将有虫、病残叶带出烧毁，减少病虫源。在草莓开花前，在每叶螨量达 2~3 头时，选用 9.5% 螨即死乳油 2500 倍液，5% 噻螨酮乳油 1200 倍液，或 25% 三唑锡可湿性粉剂 1500 倍液，或 57% 炔螨特乳油 2000 倍液喷雾防治。保护地内可用 15% 哒螨灵乳油 1500 倍液等药剂，在保温后重点防治。

特别提示

> 春天气温达 10℃ 以上时开始大量繁殖。叶螨发育起点温度为 7.7~8.8℃，最适温度为 25~30℃，最适相对湿度为 35%~55%，因此高温低湿的 6~7 月份为害重，尤其干旱年份易于大发生。温度达 30℃ 以上和相对湿度超过 70% 时，不利其繁殖，暴雨有抑制作用。

133 草莓地老虎危害有什么特点？如何防治？（视频 29）

危害特点 地老虎是鳞翅目夜蛾中的一类害虫，成虫有趋光性，喜欢在近地面的叶背面产卵，或在杂草及蔬菜作物上产卵。幼虫食性很杂，3 龄以前幼虫，栖于草莓地上部分危害。但危害不明显，3 龄以上幼虫肥大、光滑、暗灰色，带有条纹或斑纹，为害较重，白天躲在表土 2~7 厘米以上的土层中，夜间活动取食嫩芽或嫩叶，常咬断草莓幼苗嫩茎，也吃浆果和叶片。

防治方法 栽植前认真翻耕、整地，栽植后在春夏季多次中耕、细耙，消灭表层幼虫和卵块。清除园内外杂草，并集中烧毁，以消灭幼虫。清晨检查园地，发现有缺叶、死苗现象，立即在苗附近挖出幼虫消灭。可以用泡桐叶或莴苣叶置于田内，清晨捕捉幼虫。应当利用性诱剂或糖、醋、酒诱杀液诱杀成虫，既可以作为简易测报手段，又能够减少蛾虫数量。蔬菜大棚适宜在小地老虎成虫迁入期前覆膜，揭膜通风处应在落日前封闭，以防止成虫入棚产卵。大棚施用的露天灰肥或覆盖用的枯草，应沤制或喷药处理后再入棚，防止小地老虎卵随肥、草入棚。及时清除蔬菜残株烂叶，清理田间，减少其发酵物对成虫的诱集。

1~2 龄幼虫抗药力低，多在植株嫩心危害，防治适期应 1~2 龄幼虫盛期，用喷雾或毒土法防治。喷雾法是在蔬菜后茬田挖翻前，用 90% 敌百虫晶体，或 50% 辛硫磷 EC 1000~1500 倍或菊酯类农药 1500 倍液喷雾。毒土法用菊酯类农药，配制成毒砂，50% 辛硫磷 EC 0.5 千克加水拌细土 50 千克，每亩用量为 20 千克，顺行撒施于幼苗根际附近。3 龄后田间断茎株率超过 1% 时，可用毒饵或毒草诱杀，用 90% 敌百虫晶体 0.5 千克加水 2.5~5 千克，喷拌 50 千克碾碎炒香的棉籽饼或麦麸；50% 辛硫磷 EC 50 毫升，拌棉籽饼或麦麸 5 千克。毒草可用 0.25 千克敌百虫晶体拌和铡碎的鲜草或蚕豆茎叶 30~50 千克，每亩用毒饵 5 千克，毒草 15~20 千克，于傍晚撒在作物行间。

特别提示

地老虎喜温暖及潮湿的条件，最适发育温度为 13~25℃，在河流湖泊地区或低洼内涝、雨水充足及常年灌溉地区，如属土质疏松、团粒结构好、保水性强的壤土、黏壤土、沙壤土均适于小地老虎的发生。尤在早春菜田及周缘杂草多，可提供产卵场所；蜜源植物多，可为成虫提供补充营养的情况下，将会形成较大的虫源，发生严重。

134　草莓蝼蛄危害有什么特点？如何防治？

危害特点　蝼蛄食性很杂，危害农作物、蔬菜和草莓幼苗。它既吃草莓的根系，也咬食浆果贴在地面一侧的果肉。严重时可吃掉果实的 1/3，使果实失去商品价值。蝼蛄以成虫在表土层下休眠越冬，翌年 4 月随着气温上升进入地表活动，5～6 月形成为害高峰。蝼蛄喜欢潮湿的环境，在有机质多和低洼地方发生严重。

防治方法　在深秋或初冬翻耕土地，能杀灭部分害虫；施用腐熟的厩肥。于蝼蛄发生期间，根据蝼蛄活动产生的新鲜隧道，在隧道的末端进行挖捕。利用蝼蛄成虫趋光性强的特点，可以用黑光灯诱杀。用拌药的麦种播于菜田的行间或垄背的两旁诱杀蝼蛄，兼治蛴螬、金针虫。方法是用 50% 辛硫磷 EC 3 毫升加水 25～30 毫升拌 1 千克麦种，晾干后播种，1 个月后将其铲除。

> **特别提示**
>
> 4 月开始上升到地表活动，5 月上旬至 6 月中旬是蝼蛄最活跃的时期；6 月下旬至 8 月下旬，天气炎热，钻入地下活动；9 月气温下降后再次上升到地表，形成第 2 次危害高峰；10 月中旬以后钻入土中越冬。

135　草莓蛴螬危害有什么特点？如何防治？

危害特点　蛴螬是鞘翅目金龟子科幼虫的通称。食性很杂，是草莓的重要地下害虫，常食草莓幼根或咬断草莓新茎，造成死苗，也有食害果的现象。不同种类的金龟子的幼虫主要形态相似，头部为红褐色，身体为乳白色，体态弯曲呈"C"字状，有 3 对胸足，后一对最长，头尾较粗，中间较细。蛴螬喜欢聚集在有机质多而不干不湿的土壤中活动危害，成虫喜欢在厩肥上产卵，故施厩肥多的地块发生严重。该虫每年发生一代,以末龄幼虫在土中越冬。成虫有假死现象,对黑光灯有强烈趋性。

防治方法　草莓种植前,用辛硫磷等农药处理土壤和有机肥。人工捕杀:幼虫咬食根、茎后,发现植株萎蔫在其侧挖开便可将幼虫消灭。成虫可用黑光灯或草莓园边点火堆诱杀。可用50%辛硫磷1200倍液或90%晶体敌百虫1000倍液。

特别提示

成虫有假死性和趋光性,并对未腐熟的厩肥有强烈趋性,昼间藏在土壤中,晚8~9时为取食、交配活动盛期。产于松软湿润的土壤内,以水浇地最多。土壤湿润时,蛴螬的活动性强,尤其小雨连绵的天气危害较重。

136　草莓盲蝽危害有什么特点?如何防治?

危害特点　盲蝽种类多,有盲蝽、苜蓿盲蝽、牧草盲蝽等。各草莓产地都有危害,其中以牧草盲蝽危害最重。盲蝽食性杂、寄主多,成虫长5~6毫米,颜色为古铜色,用其针式口器刺吸幼果顶部的种子汁液,破坏其内含物,阻碍种子发育形成空种子,果顶部位不发育,并有空种子密生,而形成畸形果。严重影响草莓果实质量。

防治方法　在秋冬和早春清除园外杂草,减少虫源。对发生严重的地块,春秋季进行人工捕杀。春季发生成虫时,可用40%乐果1000倍液、0.6%灭虫灵2000倍液连续2~3次,必要时在花前再喷补一次。

特别提示

草莓盲蝽成虫多在夜间把卵产在光滑的嫩茎或叶柄上。以卵在枯死的苜蓿秆、杂草秆、棉叶柄内越冬。

附录一　无公害食品 草莓生产技术规程
（NY 5105—2002）

1　范围

本标准规定了无公害食品草莓的生产技术。

本标准适用于无公害食品草莓的生产。

2　规范性引用文件

下列文件中的条款通过本标准的引用而成为本标准的条款。凡是注日期的引用文件，其随后所有的修改单（不包括勘误的内容）或修订版均不适用于本标准，然而，鼓励根据本标准达成协议的各方研究是否可使用这些文件的最新版本。凡是不注日期的引用文件，其最新版本适用于本标准。

GB 4285　农药安全使用标准

GB/T 8321（所有部分）　农药合理使用准则

NY/T 444—2001　草莓

NY/T 496—2002　肥料合理使用准则 通则

NY 5104　无公害食品　草莓产地环境条件

中华人民共和国农业部公告　第 194 号（2002 年 4 月 22 日）

中华人民共和国农业部公告　第 199 号（2002 年 5 月 24 日）

3　要求

3.1　产地环境

3.1.1　产地环境质量

无公害草莓生产的产地环境条件应符合 NY 5104 的规定。

3.1.2　土壤条件

土层较深厚，质地为壤质，结构疏松，微酸性或中性土壤，有机质含量在 15 克/千克以上，排灌方便。

3.2　施肥原则及允许使用的肥料

3.2.1　施肥原则

按 NY/T 496—2002 规定执行。使用的肥料应是在农业行政主管部门已经登记或免于登记的肥料。限制使用含氯复合肥。

3.2.2　允许使用的肥料种类

3.2.2.1　有机肥料

包括堆肥、沤肥、厩肥、沼气肥、绿肥、作物秸秆肥、泥炭肥、饼肥、腐殖酸类肥、人畜废弃物加工而成的肥料等。

3.2.2.2　微生物肥料

包括微生物制剂和微生物处理肥料等。

3.2.2.3　化肥

包括氮肥、磷肥、钾肥、硫肥、钙肥、镁肥及复合(混)肥等。

3.2.2.4　叶面肥

包括大量元素类、微量元素类、氨基酸类、腐殖酸类肥料。

3.3　栽培方式

草莓栽培分为设施栽培和露地栽培两大类。我国草莓设施栽培的主要类型有：日光温室促成栽培、塑料大棚促成栽培、日光温室半促成栽培、塑料大棚半促成栽培及塑料拱棚早熟栽培。

3.4　品种选择

促成栽培选择休眠浅的品种，半促成栽培选择休眠较深或休眠深的品种。北方露地栽培选择休眠深或较深的品种，南方露地栽培选择休眠浅或较浅的品种。品种选择时还应考虑品种的抗性、品质等性状。

3.5　育苗

3.5.1　母株选择

选择品种纯正、健壮、无病虫害的植株作为繁殖生产用苗的母株，建议使用脱毒苗。

3.5.2　母株定植

3.5.2.1　定植时间　春季日平均气温达到10℃以上时定植母株。

3.5.2.2　苗床准备　第亩施腐熟有机肥5 000千克，耕匀耙细后做成宽1.2～1.5米的平畦或高畦。

3.5.2.3　定植方式　将母株单行定植在畦中间，株距50～80厘米。植株栽植的合理深度是苗心茎部与地面平齐，做到深不埋心，浅不露根。

3.5.3　苗期管理　定植后要保证充足的水分供应。为促使早抽生、多抽生匍匐茎，在母株成活后可喷施一次赤霉素(GA₃)，浓度为50毫克/升。

匍匐茎发生后，将匍匐茎在母株四周均匀摆布，并在生苗的节位上培土压蔓，促进子苗生根。整个生长期要及时人工除草，见到花序立即去除。

3.5.4　假植育苗

3.5.4.1　假植育苗方式　草莓假植育苗有营养钵假植和苗床假植两种方式，在促进花芽提早分化方面，营养钵假植育苗优于苗床假植育苗。建议促成栽培和半促成栽培采用假植育苗方式。

3.5.4.2　营养钵假植育苗

3.5.4.2.1　营养钵假植　在6月中旬至7月中下旬，选取二叶一心以上的匍匐茎子苗，栽入直径10厘米或12厘米的塑料营养钵中。育苗土为无病虫害的肥沃表土，加入一定比例的有机物料，以保持土质疏松。适宜的有机物料主要有草炭、山皮土、炭化稻壳、腐叶、腐熟秸秆等，可因地制宜，取其中之一。另外育苗土中加入优质腐熟农家肥20千克/立方米。将栽好苗的营养钵排列在架子上或苗床上，株距15厘米。

3.5.4.2.2　假植苗管理　栽植后浇透水，第一周必须遮荫，定时喷水以保持湿润。栽植10天后叶面喷施一次0.2%尿素，每隔10天喷施一次磷钾肥。及时摘除抽生的匍匐茎和枯叶、病叶，并进行病虫害综合防治。后期，苗床上的营养钵苗要通过转钵断根。

3.5.4.3　苗床假植育苗

3.5.4.3.1　苗床假植　苗床宽1.2米，每亩施腐熟有机肥3000千克，并加入一定比例的有机物料。在6月下旬至7月中下旬选择具有三片展开叶的匍匐茎苗进行栽植，株行距15厘米×15厘米。

3.5.4.3.2　假植苗管理　适当遮荫。栽后立即浇透水，并在三天内每天喷两次水，以后见干浇水以保持土壤湿润。栽植10天后叶面喷施一次0.2%尿素，每隔10天喷施一次磷钾肥。及时摘除抽生的匍匐茎和枯叶、病叶，并进行病虫害综合防治。8月下旬至9月初进行断根处理。

3.5.5　壮苗标准　具有四片以上展开叶，根茎粗度1.2厘米以上，根系发达，苗重20克以上，顶花芽分化完成，无病虫害。

3.6　生产苗定植

3.6.1　土壤消毒　采用太阳热消毒的方式。具体的操作方法：将基肥中的农家肥施入土壤，深翻，灌透水，土壤表面覆盖地膜或旧棚膜。为了提高消毒效果，建议棚室土壤消毒在覆盖地膜或旧棚膜的同时扣棚膜，密封棚室。土壤太阳热消毒在 7、8 月份进行，时间至少为 40 天。

3.6.2 定植时期 假植苗在顶花芽分化后定植，通常是在 9 月 20 日前后定植。对于非假植苗，北方棚室栽培在 8 月下旬至 9 月初定植，南方大棚栽培在 9 月中旬至 10 月初定植，北方露地栽培在 8 月上中旬定植，南方露地栽培在 10 月中旬定植。四季品种在 8 月上中旬定植。

3.6.3 栽植方式 采用大垄双行的栽植方式，一般垄台高 30 ~ 40 厘米，上宽 50 ~ 60 厘米，下宽 70 ~ 80 厘米，垄沟宽 20 厘米。株距 15 ~ 18 厘米，小行距 25 ~ 35 厘米。棚室栽培每亩定植 7000 ~ 9000 株，露地栽培每亩定植 8000 ~ 10 000 株。

3.7 栽培管理

3.7.1 促成栽培管理技术

3.7.1.1 保温

3.7.1.1.1 棚膜覆盖 北方日光温室覆盖棚膜是在外界最低气温降到 8 ~ 10℃ 的时候。南方塑料大棚覆盖棚膜是在平均气温降到 17℃ 的时候，温度低时在大棚内塔小拱棚保温。

3.7.1.1.2 地膜覆盖
顶花芽显蕾时覆盖黑色地膜。盖膜后，立即破膜提苗。

3.7.1.2 棚室内温湿度调节

3.7.1.2.1 温度调节
显蕾前：白天 26 ~ 28℃，夜间 15 ~ 18℃。
显蕾期：白天 25 ~ 28℃，夜间 8 ~ 12℃。
花期：白天 22 ~ 25℃，夜间 8 ~ 10℃。
果实膨大期和成熟期：白天 20 ~ 25℃，夜间 5 ~ 10℃。

3.7.1.2.2 湿度调节 整个生长期都要尽可能降低棚室内的湿度。开花期，白天的相对湿度保持在 50% ~ 60%。

3.7.1.3 水肥管理

3.7.1.3.1 灌溉 采用膜下灌溉方式，最好采用膜下滴灌。定植时浇透水，一周内要勤浇水，覆盖地膜后以"湿而不涝，干而不旱"为原则。

3.7.1.3.2 施肥
基肥：每亩施农家肥 5000 千克及氮磷钾复合肥 50 千克，氮磷钾的比例以 15：15：10 为宜。

追肥：每一次追肥，顶花序显蕾时；第二次追肥，顶花序果开始膨大时；第三次追肥，顶花序果采收前期；第四次追肥，顶花序果采收后期；以后每隔 15~20 天追肥一次。追肥与灌水结合进行。肥料中氮磷钾配合，液肥浓度以 0.2%~0.4% 为宜。

3.7.1.4　赤霉素（GA_3）处理　对于休眠深草莓品种，为了防止植株休眠，在保温一周后往苗心处喷 GA_3，浓度为 5~10 毫克/升，每株喷约 5 毫升。

3.7.1.5　植株管理

摘叶和除匍匐茎：在整个发育过程中，应及时摘除匍匐茎和黄叶、枯叶、病叶。

掰芽：在顶花序抽出后，选留 1~2 个方位好而壮的腋芽保留，其余掰掉。

掰花茎：结果后的花序要及时去掉。

疏花疏果：花序上高级次的无效花、无效果要及早疏除，每个花序保留 7~12 个果实。

3.7.1.6　放养蜜蜂　花前一周在棚室中放入 1~2 箱蜜蜂，蜜蜂数量以一株草莓一只蜜蜂为宜。

3.7.1.7　二氧化碳气体施肥　二氧化碳气体施肥在冬季晴天的午前进行，施放时间 2~3 小时，浓度 700~1000 毫克/升。

3.7.1.8　电灯补光　为了延长日照时数，维持草莓植株的生长势，建议采用电灯补光。每亩安装 100 瓦白炽灯泡 40~50 个，12 月上旬至 1 月下旬期间，每天在日落后补光 3~4 小时。

3.7.2　北方日光温室和南方塑料大棚半促成栽培管理技术

3.7.2.1　保温　南方塑料大棚半促成栽培在 1 月上中旬以后开始覆盖棚膜保温。北方日光温室半促成栽培在 12 月中旬至 1 月上旬开始保温。

3.7.2.2　棚室内温湿度调节

同 3.7.1.2。

3.7.2.3　水肥管理

3.7.2.3.1　灌溉　对于南方塑料大棚半促成栽培，定植后及时灌水，扣棚前灌透水，扣棚后膜下灌溉；对于北方日光温室半促成栽培，定植后及时灌水，上冻前灌封冻水。保温后的灌水总体上做到"湿而不涝，干而不旱"。

3.7.2.3.2 施肥

基肥：每亩施农家肥 5000 千克及氮磷钾复合肥 50 千克，氮磷钾的比例以 15：15：10 为宜。

追肥：第一次追肥，顶花序显蕾时；第二次追肥，顶花序果开始膨大时；第三次追肥，顶花序果采收后期；第四次追肥，第一腋花序果开始膨大时。追肥与灌水结合进行。肥料中氮磷钾配合，液肥浓度以 0.2%～0.4% 为宜。

3.7.2.4 赤霉素（GA_3）处理 为了促进草莓植株结束休眠，可以在保温后植株开始生长时往苗心处喷 GA_3，浓度为 5～10 毫克/升，每株喷约 5 毫升。

3.7.2.5 植株管理

同 3.7.1.5。

3.7.2.6 放养蜜蜂

同 3.7.1.6。

3.7.3 塑料拱棚早熟栽培管理技术

3.7.3.1 越冬防寒 北方拱棚早熟栽培在土壤封冻前扣棚膜，土壤完全封冻时在草莓植株上面覆盖地膜并在地膜上覆盖 10 厘米厚的稻草。

3.7.3.2 保温 南方拱棚栽培在 2 月中旬开始保温；北方拱棚栽培在 3 月上中旬开始保温，植株开始生长后破膜提苗。

3.7.3.3 水肥管理

3.7.3.3.1 灌溉 定植后及时灌水，上冻前灌封冻水，保温后植株开始发新叶时灌一次水。开花前，控制灌水，开花后，通过小水勤浇，保持土壤湿润。

3.7.3.3.2 施肥

基肥：每亩农家肥 3000～5000 千克及氮磷钾复合肥 50 千克，氮磷钾的比例以 15：15：10 为宜。

追肥：第一次追肥，顶花序显蕾时；第二次追肥，顶花序果开始膨大时。追肥与灌水结合进行。肥料中氮磷肥配合，液肥浓度以 0.2%～0.4% 为宜。

3.7.3.4 植株管理

同 3.7.1.5。

3.7.4　露地栽培管理技术

3.7.4.1　越冬防寒　北方地区，在温度降到 - 5℃前浇一次防冻水，一周后往草莓植株上覆盖一层塑料地膜，地膜上再压上稻草、秸秆或草等覆盖物，厚度 10～12 厘米。

3.7.4.2　去除防寒物

北方地区，当春季平均气温稳定在 0℃左右时，分批去除已经解冻的覆盖物。当地温稳定在 2℃以上时，去除其他所有的防寒物。

3.7.4.3　植株管理　春季草莓植株萌发后，破膜提苗。及时摘除病叶、植株下部呈水平状态的老叶、黄化叶及匍匐茎。开花坐果期摘除偏弱的花序，保留 2～3 个健壮的花序。花序上高级次的无效花、无效果要及早疏除，每个花序保留 7～12 个果实。

3.7.4.4　水肥管理

3.7.4.4.1　灌溉　除了结合施肥灌溉外，在植株旺盛生长期、果实膨大期等重要生育期都需要进行灌溉。建议采用微喷设施。

3.7.4.4.2　施肥

基肥：第亩施农家肥 3000～5000 千克及氮磷钾复合肥 50 千克，氮磷钾的比例以 15∶15∶10 为宜。

追肥：开花前追施尿素 10～15 千克/亩，花后追施磷钾复合肥，果实膨大期追施磷钾复合肥 20 千克/亩。

3.8　病虫害防治

3.8.1　主要病虫害

3.8.1.1　主要病害包括白粉病、灰霉病、病毒病、芽枯病、炭疽病、根腐病和芽线虫。

3.8.1.2　主要虫害包括螨类、蚜虫、白粉虱。

3.8.2　防治原则

应以农业防治、物理防治、生物防治和生态防治为主，科学使用化学防治技术。

3.8.3　农业防治

3.8.3.1　选用抗病虫品种　选用抗病虫性强的品种是经济、有效的防治病虫害的措施。

3.8.3.2 使用脱毒种苗 使用脱毒种苗是防治草莓病毒病的基础。此外，使用脱毒原种苗可以有效防止线虫危害发生。

3.8.3.3 栽培管理及生态措施 发现病株、叶、果，及时清除烧毁或深埋；收获后深耕40厘米，借助自然条件，如低温、太阳紫外线等，杀死一部分土传病菌；深耕后利用太阳热进行土壤消毒；合理轮作。

3.8.4 物理防治

3.8.4.1 黄板诱杀白粉虱和蚜虫 在100厘米×20厘米的纸板上涂黄漆，上涂一层机油，每亩挂30～40块，挂在行间。当板上粘满白粉虱和蚜虫时，再涂一层机油。

3.8.4.2 阻隔防蚜 在棚室放风口处设防止蚜虫进入的防虫网。

3.8.4.3 驱避蚜虫 在棚室放风口处挂银灰色地膜条驱避蚜虫。

3.8.5 生物防治 扣棚后当白粉虱成虫在0.2头/株以下时，每5天释放丽蚜小蜂成虫3头/株，共释放三次丽蚜小蜂，可有效控制白粉虱为害。

3.8.6 生态防治 开花和果实生长期，加大放风量，将棚内湿度降至50%以下。将棚室温度提高到35℃，闷棚2小时，然后放风降温，连续闷棚2～3次，可防治灰霉病。

3.8.7 药剂防治 禁止使用高毒、高残留农药，有限度地使用部分有机合成农药。禁止使用农药的种类见附录三。所有使用的农药均应在农业部注册登记。农药安全使用标准和农药合理使用准则参照 GB 4285 和 GB/T8321（所有部分）执行。保护地优先采用烟熏法、粉尘法，在干燥晴朗天气可喷雾防治，如果是在采果期，应先采果后喷药，同时注意交替用药，合理混用。

3.9 果实采收

3.9.1 果实采收标准 果实表面着色达到70%以上。

3.9.2 采收前准备 果实采收前要做好采收、包装准备。采收用的容器要浅，底部要平，内壁光滑，内垫海绵或其他软的衬垫物。

3.9.3 采收时间 根据草莓果实的成熟期决定采收时间。采收在清晨露水已干至中午或傍晚转凉后进行。

3.9.4 采收操作技术 采收时用拇指和食指掐断果柄，将果实按大小分级摆放于容器内，采摘的果实要求果柄短，不损伤花萼，无机械损伤，无病虫危害。果实分级按 NY/T444—2001 中5.1所述的草莓感官品质标准执行。

附录二　无公害食品　草莓产地环境条件
NY 5104

1　范围

　　本标准规定了无公害草莓产地选择要求、环境空气质量要求、灌溉水质量要求、土壤环境质量要求、试验方法及采样方法。

　　本标准适用于无公害草莓产地。

2　规范性引用文件

　　下列文件中的条款通过本标准的引用而成为本标准的条款。凡是注日期的引用文件，其随后所有的修改单（不包括勘误的内容）或修订版均不适用于本标准。然而，鼓励根据本标准达成协议的各方研究是否可使用这些文件的最新版本。凡是不注日期的引用文件，其最新版本适用于本标准。

　　GB/T 5750　　生活饮用水标准检验法

　　GB/T 6920　　水质　pH 值的测定 玻璃电极法

　　GB/T 7467　　水质　　六价铬的测定 二苯碳酰二肼分光光度法

　　GB/T 7468　　水质　　总汞的测定 冷原子吸收分光光度法

　　GB/T 7475　　水质　　铜、锌、铅、镉的测定 原子吸收分光光度法

　　GB/T 7484　　水质　　氟化物的测定 离子选择电极法

　　GB/T 7485　　水质　　总砷的测定 二乙基二硫代氨基甲酸银分光光度法

　　GB/T 7487　　水质　　氰化物的测定 第二部分 氰化物的测定

　　GB/T 7490　　水质　　挥发酚的测定 蒸馏后4－氨基安替比林分光光度法

　　GB/T 11914　　水质　　化学需氧量的测定 重铬酸盐法

　　GB/T 15432　　环境空气　总悬浮颗粒物的测定 重量法

　　GB/T 15434　　环境空气　氟化物的测定 滤膜·氟离子选择电极法

　　GB/T 16488　　水质　　石油类和动植物油的测定、红外光度法

　　GB/T 17134　　土壤质量　　总砷的测定 二乙基二硫代氨基甲酸银分光光度法

　　GB/T 19136　　土壤质量　　总汞的测定 冷原子吸收分光光度法

GB/T 17137　土壤质量　总铬的测定 火焰原子吸收分光光度法

GB/T 17141　土壤质量　铅、镉的测定 石墨炉原子吸收分光光度法

NY/T 395　农田土壤环境质量监测技术规范

NY/T 396　农用水源环境质量监测技术规范

NY/T 397　农区环境空气质量监测技术规范

3　要求

3.1　产地选择

无公害草莓产地应选择在生态条件良好，远离污染源，并具有可技续生产能力的农业生产区域。

3.2　产地环境空气质量

无公害草莓产地环境空气质量应符合表 1 的规定。

3.3　产地灌溉水质量

无公害草莓产地灌溉水质量应符合表 2 的规定。

表 1　环境空气质量要求

项　　目	浓度限值	
	日平均	1 小时平均
总悬浮颗粒物(标准状态)/(毫克/立方米)	≤0.30	≤20
氟化物(标准状态)/(毫克/立方米)	≤7	

注：日平均指任何一日的平均浓度：1h 平均指任何一小时的平均浓度。

表 2　灌溉水质量要求

项　　目	浓度限值	项　　目	浓度限值
pH	5.5～8.5	铬(六价)/(毫克/升)	≤0.10
化学需氧量/(毫克/升)	≤40	氟化价(以 F⁻ 计)/(毫克/升)	≤3.0
总汞/(毫克/升)	≤0.001	氰化物(以 CN⁻ 计)/(毫克/升)	≤0.50
总镉/(毫克/升)	≤0.005	石油类/(毫克/升)	≤0.5
总砷/(毫克/升)	≤0.05	挥发酚/(毫克/升)	≤1.0
总铅/(毫克/升)	≤0.10	粪大肠菌群数/(个/升)	≤10000

3.4　产地土壤环境质量

无公害草莓产地土壤环境质量应符合表3的规定。

表3　土壤环境质量要求

项　目	含量限值		
	pH 值 <6.5	pH 值 6.5~7.5	pH 值 >7.5
总镉/（mg/kg）	≤0.30	0.30	0.60
总汞/（mg/kg）	≤0.30	0.50	1.0
总砷/（mg/kg）	≤40	30	25
总铅/（mg/kg）	≤250	300	350
总铬/（mg/kg）	≤150	200	250

注：本表所列含量限值适用于阳离子交换量 >5cmol/kg 的土壤，若≤5cmol/kg，其含量限值为表内数值的半数。

4　试验方法

4.1　环境空气质量

4.1.1　总悬浮颗粒物的测定：按 GB/T 15432R 的规定执行。

4.1.2　氟化物的测定：按 GB/T 15434 的规定执行。

4.2　灌溉水质量

4.2.1　pH 值的测定：按 GB/T 6920 的规定执行。

4.2.2　化学需氧量的测定：按 GB/T 11914 的规定执行。

4.2.3　总汞的测定：按 GB/T 7468 的规定执行。

4.2.4　总砷的测定：按 GB/T 7485 的规定执行。

4.2.5　总铅、总镉的测定：按 GB/T 7475 的规定执行。

4.2.6　六价铬的测定：按 GB/T 7467 的规定执行。

4.2.7　氰化物的测定：按 GB/T 7487 的规定执行。

4.2.8　氟化物的测定：按 GB/T 7484 的规定执行。

4.2.9　石油类的测定：按 GB/T 16488 的规定执行。

4.2.10　挥发酚的测定：按 GB 7490 的规定执行。

4.2.11　粪大肠菌群数的测定：按 GB/T 5750 的规定执行。

4.3　土壤环境质量

4.3.1　总铅、总镉的测定：按 GB/T 17141 的规定执行。

4.3.2　总砷的测定：按 GB/T 17134 的规定执行。

4.3.3　总汞的测定：按 GB/T 17136 的规定执行。

4.3.4　总铬的测定：按 GB/T 17137 的规定执行。

5　采样方法

5.1　环境空气质量监测的采样方法按 NY/T 397 的规定执行。

5.2　灌溉水质量监测的采样方法按 NY/T 396 的规定执行。

5.3　土壤环境质量监测的采样方法按 NY/T 395 的规定执行。

附录三　无公害草莓生产禁止使用的农药

六六六，滴滴涕，毒杀芬，二溴氯丙烷，杀虫脒，二溴乙烷，除草醚，艾氏剂，狄氏剂，汞制剂，砷、铅类，敌枯双，氟乙酰胺，甘氟，毒鼠强，氟乙酸钠，毒鼠硅，甲胺磷，甲基对硫磷，对硫磷，久效磷，磷胺，甲拌磷，甲基异柳磷，特丁硫磷，甲基硫环磷，治螟磷，内吸磷，克百威，涕灭威，灭线磷，硫环磷，蝇毒磷，地虫硫磷，氯唑磷，苯线磷，氧化乐果，水胺硫磷，灭多威等其他高毒、高残留农药。

参考文献

［1］ 中国农业科学院蔬菜研究所. 中国蔬菜栽培学. 北京, 农业出版社, 1987

［2］ 雷家军. 我国草莓生产的历史、现状及发展对策. 果农之友, 2003, (2): 4~5

［3］ 张运涛, 王桂霞, 董静, 等. 草莓优良品种甜查理及其栽培技术. 中国果树, 2006, (1): 22~24

［4］ 钱丽华, 马华升, 孔樟良, 等. 草莓品种新秀"红颊"的特征特性及栽培技术[J]. 杭州农业科技 2006, (2): 28~29

［5］ 陈伟光, 陈细明, 李平. 华南地区露地草莓优质高效种植技术. 农业科技通讯, 2004, (4): 13

［6］ 廖华俊, 江芹, 董玲, 等. 草莓保护地早熟栽培品种比较试验. 安徽农业科学, 2005, 33(9): 1636~1638

［7］ 朱淑梅. 日光温室草莓无公害高产栽培技术. 河北果树, 2006, (6): 35

［8］ 焦瑞莲. 日光温室无公害草莓高产栽培技术. 果农之友, 2006, (11): 23

［9］ 李继莲, 吴杰, 彭文君, 等. 熊蜂和蜜蜂为日光温室草莓授粉效果的比较. 蜜蜂杂志, 2005, (7): 3~4

［10］ 赵秀娟, 王树桐, 张凤巧, 等. 草莓根腐病研究进展. 中国农学通报, 2006, 22(8): 419~422

［11］ 童英富, 郑永利. 草莓主要病虫及其综合治理技术. 安徽农学通报, 2006, 12(2): 89~90